商管 全華圖書
叢書 BUSINESS MANAGEMENT

成本與管理會計(一)

Cost and Managerial Accounting

陳育成、李超雄、張允文、陳雪如　著

第3版

國家圖書館出版品預行編目資料

成本與管理會計(一) / 陳育成等編著.-- 三版.--
- 新北市：全華.
　2019.06
　　面　；　公分
　參考書目：面
　ISBN 978-986-503-162-6(平裝)
　1.成本會計　　2.管理會計
495.71　　　　　　　　　　108009484

成本與管理會計(一)(第三版)

作者 / 陳育成、李超雄、張允文、陳雪如

發行人 / 陳本源

執行編輯 / 鄭皖襄

封面設計 / 簡邑儒

出版者 / 全華圖書股份有限公司

郵政帳號 / 0100836-1 號

圖書編號 / 0810102

三版三刷 / 2024 年 09 月

定價 / 新台幣 320 元

ISBN / 978-986-503-162-6(平裝)

全華圖書 / www.chwa.com.tw

全華網路書店 Open Tech / www.opentech.com.tw

若您對書籍內容、排版印刷有任何問題，歡迎來信指導 book@chwa.com.tw

臺北總公司(北區營業處)
地址：23671 新北市土城區忠義路 21 號
電話：(02) 2262-5666
傳真：(02) 6637-3695、6637-3696

南區營業處
地址：80769 高雄市三民區應安街 12 號
電話：(07) 381-1377
傳真：(07) 862-5562

中區營業處
地址：40256 臺中市南區樹義一巷 26 號
電話：(04) 2261-8485
傳真：(04) 3600-9806(高中職)
　　　(04) 3601-8600(大專)

　　學習成本與管理會計，目的是希望能在實務上活用，因為企業經理人平常面對諸多管理決策，在在需要攸關、及時的資訊，以提升決策品質。這本書融合了成本會計與管理會計兩部分的知識與實例應用，讀者若能融會貫通這些知識，融入管理情境與思維，必能提供高品質的資訊給經理人，提升企業競爭力。

　　延續上一版的精神，本次改版將原有的二十章精簡為十七章，目的是讓讀者更有效率學習，除個案內容改寫外，各章內容、習題等在這一版均有大幅的整合或加強。這一版的章節涵蓋成本與管理會計所有的主題，適合商、管學院學生修習一學年(兩學期)的教材，若是一學期的課，授課教師可以斟酌刪除部分章次，讓學生對成管會仍可有一整體性的認識。

　　本書欲以較淺顯易懂之字語，精準表達成本與管理會計的觀念與意涵，輔以實際案例協助讀者理解，而每章結束後所附的習題，多選自各級考試題目，能讓讀者反覆練習課文中的觀念、提升學習成效。本書四位作者均擁有國內外著名大學會計或管理學博士學位，均有多年教學經驗，平時除了在大學講授相關課程外，也都有輔導產業界推導管理制度的經驗，書中許多案例其實是從實際發生的個案加以改寫。

　　感謝全華圖書公司工作團隊的用心，因為他們專業與協助，讓這本書的整體設計與編排更臻完美。本書作者雖力求無誤，但時間匆促，恐仍有疏失訛誤之處，尚祈各方先進及讀者不吝指正，幸甚。

陳育成、李超雄、張允文、陳雪如　謹識

中華民國 108 年 6 月於台中市

　　成本與管理會計是會計專業養成的重要核心課程之一，這門課最重要的目的，在於讓學習者能提供經理人攸關、及時的資訊，以提升決策品質。這本書融合了成本會計與管理會計兩部分，除了要學習成本累積、分攤等傳統上屬於成本會計的知識外，更要將這些會計知識融入管理情境，才能提供高品質的資訊給經理人，這是屬於管理會計的範疇。

　　本書的四位作者均擁有國內外著名大學的會計或管理博士學位，並擁有多年的教學經驗，平時除了在大學講授會計相關課程外，也都有多年輔導產業界推行成管會制度的經驗。為了讓讀者能盡可能融入實際管理情境，本書力求深入淺出外，並輔以實務案例協助讀者瞭解重要觀念。

　　在內容的安排上，章節均涵蓋成本與管理會計所有的主題，適合商、管學院學生修習一學年、兩學期的教材，若為一學期的課程，授課教師可以斟酌刪除部分章次，仍可對成管會作一整體性的介紹。本書欲以較淺顯易懂之字語，精準表達成本與管理會計的觀念與意涵，輔以實際案例協助讀者理解，而每章結束後所附的習題，能讓讀者反覆練習課文中的觀念、提升學習成效。

　　本書能如期完稿，須感謝全華圖書的工作團隊，因為他們專業與用心的協助，讓這本書的整體設計與編排更臻完美。本書作者雖力求無誤，但時間匆促，仍恐有疏失訛誤之處，尚祈各方先進及讀者不吝指正，幸甚。

陳育成、李超雄、張允文、陳雪如　謹識

中華民國九十九年三月於台中市

CONTENTS

目次

個案介紹 ● ● ○

　　瑞展工業股份有限公司的前身是「瑞展工業社」，目前擁有 1000 多名員工的大企業，於 1970 年在臺灣中部創立，1980 年代分別三度獲得經濟部中區機械類品管示範工廠，到 1995 年為全國首家獲得美國三大汽車廠品質認可之齒輪專業製造廠商，成功進軍美國汽、機、卡車 OEM 市場。到 1998 年更榮獲經濟部商品檢驗局暨英國標準協會（B.S.I.）之 QS 9000 雙重認證通過，並在 2001 年公開發行上市，近年分別在中國、日本及美國開設分公司，在國內則以中部地區為主要生產基地。

　　近年又因全球科技蓬勃發展，許多新興技術及概念被實踐於工業發展，例如：互聯網、大數據、雲端的應用、人工智慧等，使得傳統機械製造業者可以運用如：3D 成像、擴增實境、機器人以及智慧運輸等新技術的導入，讓工業 4.0 概念持續發展。瑞展公司也因應電動車逐漸取代傳統的汽、柴油車的趨勢，並隨著電動車大廠的需求上升持續擴充生產線，投資智能自動化生產線，導入現代工廠的人工智慧，追求安全與效率的智慧製造，朝向無人生產的高品質自動化目標邁進。

　　目前瑞展公司分為三大事業部門：分別為傳動事業部（主要事業部）、機械事業部、醫材事業部。各事業部介紹如下：

1. 傳動事業部生產各式汽機車、卡車、堆高機、產業機械及農機之齒輪及軸類等產品。相關產品則有扭力轉換器零件、傳動軸、行星齒輪組、變速箱齒輪組、差速器組件、電動車齒輪箱組件、減速機齒輪組等。傳動事業部的主要製程可分：軋輾、熱炙、鑽孔、研磨、校正與檢驗等六個製程。

2. 機械事業部生產工作母機的齒輪機械產品，有刮齒機、滾齒機、倒角機等產品，瑞展公司在機械事業部已經具備整合製造齒輪加工生產線的能力，對於客戶的服務由提供單一加工機械到整個生產加工規劃的系統性服務。

3. 醫材事業部生產傷殘人士 / 老人使用電動輪椅或電動代步車，配合人口老化的社會需求發展，改善長照品質。

　　在目前的公司組織架構下，董事長下設有總經理一人及副總經理二人，負責公司整體營運的執行責任，並督導底下各廠及各部門，基本組織架構圖以及人事編組請見下列組織圖。

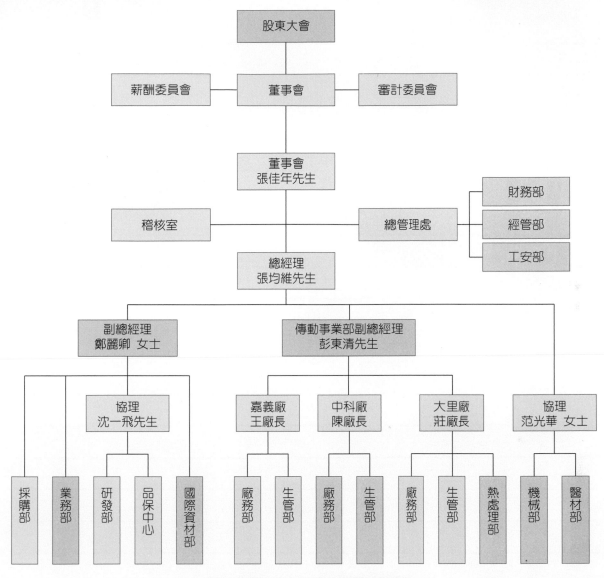

瑞展工業股份有限公司組織架構圖

CHAPTER 1

會計資訊在管理決策上的角色

學習目標　讀完這一章，你應該能瞭解

1. 企業為了不同的決策目的而需要不同的資訊。

2. 在企業管理階層，管理會計人員需要哪些資訊？做哪些決策？可以對公司做出甚麼貢獻？

3. 管理會計與財務會計的意涵及其間的差異。

4. 如何定義成本？成本資訊可以幫助我們做甚麼決策？

5. 管理會計人員所面對的行為面與職業道德問題。

引言

　　下午六點多了，主管會議好不容易結束，張佳年董事長疲憊的走入自己的辦公室，心中不斷思考著剛剛傳動事業部彭副總提議的一些變革。

　　瑞展工業股份有限公司 2001 上市至今，在張董事長以及幾位中堅幹部的努力下，各項業務推展迅速、業績蒸蒸日上，公司規模也不斷擴增。傳動事業部的彭副總對於目前全球各大車廠積極發展電動車的趨勢，多次提出建議，希望瑞展在這一波電動車的風潮不要缺席，應該積極投入研發、導入工業 4.0 的管理思維。佳年深知公司的成長必須不斷吸收新的管理思維，但在既有的組織與管理系統下，如何搭配互聯網、大數據、雲端等新科技？且在目前市場訊息萬變的情況下，佳年常覺得無法再以直覺做管理決策，他覺得身邊需要一個團隊，能提供他及時、精確的分析資訊以迅速的做決策。

(1-1) 管理會計資訊系統

一、何謂管理會計

　　張佳年董事長目前碰到的管理瓶頸，除了學習新資訊技術的應用外，其實他最需要的就是在幕僚中建置高效能的管理會計系統[1]（managerial accounting system），提供及時且精確財務性與非財務性資訊供組織內的員工或經理人作決策之用，這些資訊的型態與格式可依決策者的需求作調整，且通常不提供給企業外部人士使用，公司可以自己設計獨有的管理會計資訊系統，並無一般公認的原則可遵循。相對的，財務會計系統（financial accounting system）所報導的資訊，則提供給企業外部人士使用（例如股東、債權人、供應商等），其衡量方式與報導的格式均需有一致的規範，須遵守一般公認會計原則（Generally Accepted Accounting Principles；GAAP）。財務會計需遵循一般公認原則是因為企業外部的投資人、債權人等報表使用者，往往會將公司的財務狀況與其他公司作比較，為了使不同公司報表可以比較，因此必須要有一致的衡量基礎與報導格式。

1　部分教科書用『管理會計制度』，『制度』指的是較具體的規範、準則等，例如會計制度。而『系統』是較廣泛的，包括法規、制度、甚至領導風格、企業文化等意涵。

　　個案公司瑞展工業股份有限公司是個上市公司，必須遵照證券主管機關所規範的相關財務報導規定，例如每年的財務報表（包括資產負債表、綜合損益表、現金流量表、股東權益變動表）編製的格式、資訊的揭露等，這都是屬於財務會計系統的範疇，編製的規則均須遵循一般公認會計原則。至於公司對於訂單成本的計算、定價模式以及員工績效計算方式等，則是屬於公司內部資訊，每一家公司可以有不同的作法與規定，這是屬於管理會計系統的範疇，企業主管往往需要管理會計系統提供及時、攸關的資訊，作為各種決策的依據。

　　管理會計系統由於是公司內部制度的一部份，往往取決於經理人制訂決策的需求，因此我們必須先瞭解經理人平時所做的事情，一般而言，經理人的決策內容，約可分為兩大類型：

1.　規劃（planning）：一個企業的運作，有許多大大小小的事物需要做事前的設想與計畫，而這些規劃事項均需要管理會計資訊系統提供攸關可靠的資訊。例如，產品線的組合規劃，需要各產品的成本、收益資訊；生產規劃需要知道各產品所需原物料、人工的投入、產能耗用、產出分析等；行銷策略規劃需要知道顧客的滿意度，以修正行銷策略；組織（organizing）規劃則需要人員工作績效數據（例如；需要不同形式機器的工作效率值，搭配產能需求資訊，以決定生產線上最佳的機器配置組合）。

2.　控制（control）：控制活動主要焦點放在衡量與評估決策目標的執行效能；例如評估組織內各作業單位的績效，以確定各作業單位對組織目標的貢獻度，並確認管理策略的執行效果。簡言之，就是針對策略成效的追蹤、評估，作為下次策略調整的依據。績效考核通常是將實際值與目標值比較，作為賞罰的依據，或是下次修訂標準的參考；例如生產一單位產品花費的成本與目標成本相比、與同業相比，又如本公司客服專員花費多少分鐘處理一件顧客的申訴案等。

　　由於現代管理會計系統的焦點放在協助組織中各階層的決策制訂，因此管理會計系統所提供的資訊必須富有彈性且對決策有幫助。這些資訊除了包括傳統財務性資訊（financial information）外，往往還需要非財務性資訊[2]（non-financial information）。只要提供資訊所帶來的經濟效益大於產生資訊的成本，這項資訊就值得提供給制訂決策的經理人。

2　例如顧客滿意度、再購率、競爭者動態資訊、產業發展動態等。

二、管理會計與財務會計的差異

財務會計資訊產生的流程包括分錄、過帳、試算、調整、結帳、編表等基本的程序，依據專責的機構所制訂的財務會計準[3]編製，財務會計系統所編製出來的報表，為了要提供給各種不同目的之使用者使用，因此必須要有一致性的規範。基本上，財務會計是針對歷史交易作衡量與報導。

管理會計則是企業或組織自行設計規劃的資訊收集系統，目的是要提供內部制訂決策所需，管理會計資訊能協助經理人降低成本、提升流程效率，所以必須要配合決策的需求，且各企業與組織的需求均不同，也沒有一般公認的管理會計準則可供遵循[4]。表 1-1 列示財務會計與管理會計的主要差異。

表 1-1 財務會計與管理會計的差異比較

比較項目	財務會計	管理會計
資訊報導暨服務對象	外部：股東、債權人、主管機關、稅捐單位、社會大眾。	內部：員工、各階層經理人、總經理、董事會等。
報導目的	報導歷史交易結果，供外部人作為決策（投資、授信等）的依據。	提供營運績效資訊，供員工、經理人作為決策的參考。
時效性要求	時效性較差。	強調及時、前瞻性。
資訊型態	只衡量財務性交易。	包含財務性與非財務性事項的衡量與報導。
資訊本質	客觀、可靠、一致。	主觀、攸關、正確。
報導範圍	針對整個企業或組織作整體性的報導。	可針對決策的需要，提供局部性的資訊報導。
準則依據	一般公認會計原則、主管機關規定。	無一般公認原則，依決策需求自行規範。

---

3 我國目前已導入國際財務報導準則（International Financial Accounting Standards；簡稱 IFRS)；由『財團法人中華民國會計研究發展基金會』依據國際會計準則理事會（International Accounting Standard Board；簡稱 IASB) 所制定的 IFRS 所翻譯、美國則為 Financial Accounting Standard Board（簡稱 FASB）負責制訂美國的一般公認會計準則。

4 美國有 Cost Accounting Standard，但僅限於與美國政府訂合約的廠商，須依此準則提供合約成本資訊。

成會焦點

工業 4.0 德國 發展智慧型工廠

華爾街日報報導，德國政府為了維持製造業競爭力，正透過「工業 4.0」計畫與國內大學、研究機構及大型企業合作發展全自動化智慧型工廠，希望加速生產線數位化以因應谷歌、亞馬遜等美國企業帶來的威脅。

以西門子位於德國工業小鎮 Amberg 占地近 3,000 坪的智慧型工廠為例，該廠房內的 1,000 台生產設備能透過網路互相溝通，從網路接單到產出客製化成品的過程已達到 75%

智慧型工廠可節省大量人力

圖片來源：中國時報

自動化。廠內員工僅 1,150 人，多數負責電腦控管而非生產線作業員。

工業 4.0 計畫負責人瓦斯特（Wolfgang Wahlster）表示，這類智慧型生產線能讓業者在銷售據點根據顧客要求現場生產客製化成品，因為生產線上的半成品能自行連線機台下達指令，讓業者在短時間內產出成品。

儘管工業 4.0 計畫目前還處於試辦階段，但負責研發的德國人工智慧研究中心已和國內數家大型製造商展開合作，例如化學大廠巴斯夫（BASF）就在其中一間智慧型工廠生產客製化洗髮精與洗手乳。

當測試人員在線上下單後，機台會自動接收客製化訂單，並根據訂單內容在洗手乳空瓶貼上無限射頻辨識（RFID）標籤，再由組裝機台上的感應器自動讀取標籤，將不同種類的洗手乳、香精、瓶蓋組裝完成，全程牽涉的人力只有最初下單動作，且同一批成品可包含多款洗手乳。

德國政府與企業之所以加緊腳步發展智慧型工廠，是因為物聯網時代來臨後，主導網路平台的美國企業開始威脅德國產業。

協助推動工業 4.0 計畫的德國科學工程研究院主任舒甘瑟（Gunther Schuh）表示，「谷歌及亞馬遜在線上市場的壟斷地位令德國業界憂心」，因為消費者與製造商間的溝通介面被美國業者掌控。

但西門子自動化設備部門主管赫威克（Peter Herweck）未將谷歌視為威脅，反而預期「未來雙方能成為合作夥伴」。

資料來源：工商時報

我們可以觀察到很多知名的企業常有其獨特形象與特質，這些特質已經變成這些企業的核心價值來源；例如麥當勞（McDonald's）速食王國建構一個迅速、整潔、產品標準化的價值主張，戴爾（Dell）電腦的價值主張是提供顧客方便的訂貨、迅速的交貨。我們可以說這些企業有很好的價值鏈管理，一個成功的經理人，就是要能做好企業的價值鏈管理，才能在競爭激烈的環境中屹立不搖。

專有名詞

價值鏈管理
從研發階段開始，一直到售後服務的一連串管理的環節。

所謂價值鏈管理，就是從研發階段開始，一直到售後服務的一連串管理的環節。圖 1-1 是整個價值流程：

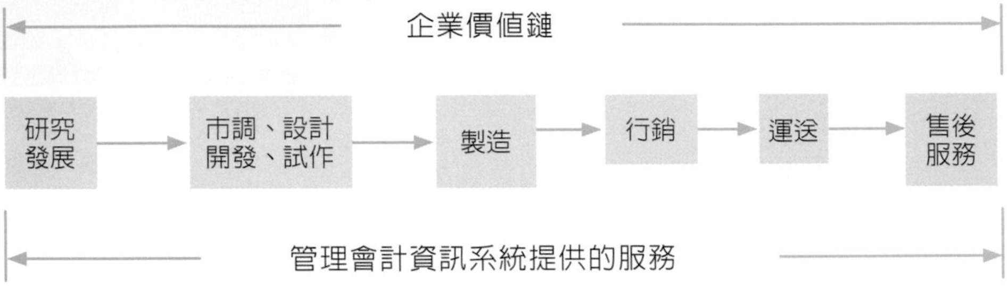

企業價值鏈

研究發展 → 市調、設計開發、試作 → 製造 → 行銷 → 運送 → 售後服務

管理會計資訊系統提供的服務

圖 1-1 企業價值鏈流程

以瑞展工業股份有限公司為例，若該公司決定要開發生產某特殊規格的精密齒輪，在整個價值鏈管理過程中，必定會經過如圖 1-1 的每個步驟，管理會計人員在這過程中也都會扮演重要的角色：

1. 研究發展：研發部門首先要先瞭解產品的原料來源、依公司的技術水準可否自製或者需外購，這時管會人員可以分析各個供應商的報價，作相關的成本分析，算出公司自製成本與外購成本作比較，供總經理決定要自製還是外購時的參考。

2. 市調、設計、開發、試做：經研發部門評估有自製的能力後，依管會人員算出的製造成本，行銷部門便可據以作定價，此時行銷部門可能會作市場調查，瞭解潛在顧客可接受的價格、以及競爭者的價格（例如與進口品的價格做比較），管會人員此時也可提供各種銷售數量與利潤的分析供總經理評估正式進入市場與否的參考。

3. 製造量產：當決定正式列入產品線後，工廠便要有一套標準的製造流程，當訂單進來時，廠長就要簽發製令（製造命令）進入生產排程，管會人員則會追蹤原料、人工、製造費用的消耗，以及產出過程的不良、瑕疵品的比率，協助廠長評估生產效能，作為未來成本控制的參考。

4. 行銷：當進入市場後，行銷部門必定會累積許多銷售資訊，管會人員可以分析這些資訊，例如分析全年市場佔有率變化，瞭解產品未來銷售的展望，作為明年擬定生產計畫與預算編製的依據。

5. 運送：銷售商品的運送，牽涉到貨運廠商的選擇、運費的計算、還有包裝成本，都需會計部門作分析，以有效的控制成本。

6. 售後服務：負責任的品牌通常願意作完善的售後服務，然而售後服務不能永無止境的服務，否則將侵蝕利潤，管會人員可以評估售後發生損壞的機率，計算最適的售後保證期間，讓整體利潤最大化[5]。

　　在這一連串的價值創造過程中，管理會計人員在每一個環節均可以發揮其資訊提供者的角色，所以一個稱職的管會人員，應該要熟悉營運實務，貼近作業現場，才能瞭解決策者的實際需求，提供最攸關、及時、具前瞻性的資訊。將每一個價值鏈流程中的資訊彙整，做有效的管理，便構成管理會計資訊系統。

1-2 生產成本與期間成本

一、認識成本

　　一般定義的成本（cost）是指為了完成一項能產生目前或未來收益的特定活動，所付出或犧牲的代價。而這項特定的活動，叫做成本標的（cost object）。成本代表資源的流出，這些資源的流出可換來原物料或機器設備、投入生產商品，以產生未來經濟效益。

　　當我們談成本時，必須要界定所謂的成本標的，以及如何將成本累積到這項標的，因此不同的目的會計算出不同的成本。例如，財務會計人員常使用歷史成本（historical cost）計算並報導一項資產的成本，歷史成本的報導可以幫助我們瞭解企業原先花費多少資源取得這項資產，但若是要做決策（例如要重置或者出售），則重置成本[6]（replacement cost）或淨變現價值[7]（net realizable value）或許更具攸關性。

---

5 部分電子業在激烈競爭環境下（如 DRAM 商品），售後檢測維修的成本高過換新品的成本，因此這類商品常常會有很好的售後服務，當產品有問題，通常直接換新品給顧客。
6 重置成本，是指重新購置一個與相同資產所需的成本。
7 淨變現價值，是指售價減去出售的相關費用後的淨額，與重置成本均為市價的概念。

管理會計人員常為了決策的需求而計算成本，為了企業外部使用者的報導目的，或者是為了內部經理人決策的目的，常常計算出不同的成本，切記：不同的目的可能算出不同的成本。

二、產品成本

財務會計人員與管理會計人員所定義的產品成本（product cost）通常是不一樣的，這是因為財務會計與管理會計對資訊需求的目的不一樣所致，我們首先從財務會計的角度來看產品的成本。

(一) 對外部報導（財務會計）的產品成本

公開發行以上公司均須定期對外公開財務報表，報表服務的對象包括股東、債權人、員工、政府單位（如證期局、國稅局等）等。這些外界有興趣的報表使用者藉由財務報表提供的資訊，以評估企業的經營與管理績效，由於我們不知道報表使用人需要產品成本資訊的目的，因此我們對外報導的產品成本資訊必須要符合一致性（consistency）與可比較性（comparability）的要求；前者是表示同一家公司對於產品成本的衡量方法必須要各年間一致，後者是公司的產品成本資訊必須能與其他公司相比較。

一致性（consistency）與可比較性（comparability）的要求；前者是表示同一家公司對於產品成本的衡量方法必須要各年間一致，後者是公司的產品成本資訊必須能與其他公司相比較。

企業付出經濟資源（付出現金或產生負債）以取得原料、機器等資源，這些資源若是為了生產產品，則會計上便把它認列為產品的成本（也屬於資產），這項成本還會再加上投入的人工成本以及分攤其他部門的費用等（所謂間接成本），構成產品的總製造成本，在帳上仍然是以資產的形式（製成品存貨），直到產品出售，我們才將成本轉為費用（銷貨成本）。因此，在產品出售前，不管是原物料、在製品或製成品的成本，都是公司的資產，放在資產負債表中的原料存貨、在製品存貨、以及製成品存貨等帳戶，直到出售時，才轉為銷貨成本，放在綜合損益表。

直接原料（direct materials）、直接人工（direct labor）與製造費用（manufacturing overhead）。直接原料顧名思義就是用在產品的主要原料，直接人工是指支付給對生產該產品直接有貢獻的員工工資，製造費用則包括所有的間接成本。

對於買賣業而言，產品成本就是向供應商進貨的成本，加上運費等額外的費用。但對製造業而言，製造成本（manufacturing costs）應包括三項內容：直接原料（direct materials）、直接人工（direct labor）與製造費用（manufacturing overhead）。直接原料顧名思義就是用在產品的主要原料，直接人工是指支付給對生產該產品直接有貢獻的員工工資，製造費用則包括所有的間接成本，例如間接的物料（如膠水、圖釘等）、間接人工

（如總經理的薪資要分攤一部份到這項產品的成本，因為總經理對產品的生產是間接的貢獻）等。

假設瑞展公司 20X8 年 3 月 1 日有庫存原料 $7,200，這個月又進料 $83,000，而月底盤點結果，尚有庫存原料 $9,100，則我們可以計算出這個月工廠所耗用的直接原料總額如下：

> 3 月份耗用原料總額
> ＝原料（3/1）＋ 本期進料 － 原料（3/31）
> ＝ $7,200 ＋ $83,000 － $9,100
> ＝ $81,1000

再假設瑞展公司三月份的直接人工成本為 $153,000，製造費用（間接成本）有 $165,300，則 3 月份的製造成本（manufacturing cost）總額為：

> 3 月份製造成本總額
> ＝直接原料＋直接人工＋製造費用
> ＝ $81,100 ＋ $153,000 ＋ $165,300
> ＝ $399,400

直接原料、直接人工與製造費用構成所謂的製造成本的三大要素，而前兩項又稱為主要成本（primary cost）、後兩項又稱為加工成本（conversion cost）。因此，我們可以說瑞展公司 3 月份的主要成本為 $234,100，加工成本為 $318,300：

> 主要成本＝直接原料＋直接人工＝ $81,100 ＋ $153,000 ＝ $234,100
> 加工成本＝直接人工＋製造費用＝ $153,000 ＋ $165,300 ＝ $318,300

接下來，我們進一步要計算製成品成本（cost of goods manufactured），假設 3 月初尚有在製品 $120,500，月底尚有在製品 $109,000，則 3 月份的製成品成本的計算如下：

> 3 月份製成品成本
> ＝ 3 月份製造成本總額＋期初在製品－期末在製品
> ＝ $399,400 ＋ $120,500 － $109,000
> ＝ $410,900

有了製成品成本，皆下來就可以計算 3 月份的銷貨成本了，假設 3 月初尚有製成品 $213,000、月底尚有製成品 $251,000，則 3 月份的銷貨成本如下：

3 月份銷貨成本

= 3 月份製成品成本＋期初製成品－期末製成品

= \$410,900 ＋ \$213,000 － \$251,000

= \$372,900

讀者應該不難體會，製造業存貨耗用成本計算的邏輯仍然是買賣業的基本概念：期初存貨＋當期進貨－期末存貨。只是製造業需從原料耗用算起，進一步加上人工、製造費用，得出製造成本後，再加上期初在製品、減期末在製品、加期初製成品、減期末製成品，以得出當期的銷貨成本。因此，製造業的銷貨成本的計算過程雖然較爲複雜，但基本概念仍與買賣業差異不大。

我們將上述的銷貨成本每一階段的過程加以彙總，便可以產生瑞展公司 20X8 年 3 月份的製成品成本表（表 1-2）與損益表（表 1-3）。

表 1-2　製造業之製成品成本表

瑞展工業股份有限公司		
製成品成本表		
20X8 年 3 月 1 日至 3 月 31 日		
直接材料耗用：		
期初存貨（20X8/03/01）	\$ 7,200	
本期購入直接原料	83,000	
本期可供生產的原料	\$ 90,200	
減：期末存貨（20X8/03/31）	（9,100）	\$81,100
直接人工耗用		153,000
製造費用：		
物料	\$xxx	
間接人工	xxx	
折舊	xxx	
…	…	165,300
製造成本總額		\$399,400
加：期初在製品		120,500
減：期末在製品		（109,000）
製成品成本（轉入綜合損益表）		\$410,900

上述計算的成本均與製造產品有關，製造業唯有製造成本才包括在產品的存貨成本，至於研究發展、行銷、管理等各項費用，則放在營業費用[8]（operating expenses）。財務會計人員在評價存貨成本時，重點放在整體存貨成本的評價，而非個別商品存貨成本的評價，因此當某項存貨成本被高估，而另一項存貨成本被低估，這在編製資產負債表時，不會是財務會計人員關心的焦點，因為資產負債表是報導存貨的總金額，是對總存貨價值的評估。

我們可以說，財務會計所評價的產品成本，只包括製造成本，且這項成本的評價是以歷史成本為基礎。接下來我們要看看管理會計人員所需要的產品成本資訊，將與財務會計人員所計算的的產品成本不大一樣。

表 1-3 製造業的損益表

瑞展工業股份有限公司 部分綜合損益表 20X8 年 3 月 1 日至 3 月 31 日		
銷貨收入：		$　xxx
銷貨成本：		
期初製成品存貨 (20X8/03/01)	$213,000	
加：製成品成本（見表 1-2）	410,900	
可供銷售商品總額	623,900	
減：期末製成品存貨 (20X8/03/31)	(251,000)	(372,900)
銷貨毛利		$　xxx
減：營業費用		(xxx)
銷貨及管理費用		(xxx)
營業淨利		$　xxx
加：營業外收益		xxx
減：營業外費用		(xxx)
稅前淨利		$　xxx
減：所得稅費用		(xxx)
本期淨利		$　xxx

8　營業費用屬於期間費用（period expenses），是淨利的減項。

(二) 對內部報導（管理會計）的產品成本

前一節已提到，管理會計人員的職責是提供資訊給經理人做決策，只要對決策有幫助（決策攸關性），並沒有一般公認會計原則須遵守。管理會計人員也需要提供有關產品成本的資訊給經理人做決策，產品成本的資訊至少提供兩大目的：事前的決策規劃（planning）與事後的評估（evaluation）與控制（control）。

產品定價便需要管理會計人員提供資訊與專業分析；例如公司的定價政策是產品成本加價 20%，那麼新產品成本計算的精確與否便攸關公司是否真能獲利（若成本低估，很可能發生虛盈實虧的窘境）。另外像編製年度預算、制訂下一期產能（生產多少單位）時，單位成本資訊也將影響下一期預算編製的落實與否。此外，企業也常會評估現有產品線實際獲利情形是否和預估的情形一致，若不一致則應該找出原因；經理人也常要評估某一個製程（production process）相較於其他製程是否較有效率。這些都是管理會計的範疇。

(三) 機會成本（opportunity cost）

所謂機會成本，是指當選擇使用一項資源，所犧牲或放棄的最大經濟利益。為了解釋機會成本的觀念，茲舉實例說明：假設瑞展工業股份有限公司大里廠生產線可以生產兩種不同規格的產品：MD131 以及 SD221，如表 1-4 所示，MD131 產品每單位邊際貢獻為 $160，而 SD221 卻只有 $100。

表 1-4　MD131、SD221 產品基本資料表

產品項目 基本資料	MD131	SD221
每單位售價	$ 240	$ 160
每單位變動成本	(80)	(60)
單位邊際貢獻	$ 160	$ 100

這兩種產品應該哪一個多生產？哪一個少生產呢？當然，若市場銷售以及產能都沒有問題，這兩種產品因為都有正的邊際貢獻，應該都要盡量生產、銷售。但通常工廠的產能有限，往往需要作權衡取捨，若從表

1-4 憑直覺似乎應該多生產 MD131，因為它每單位的邊際貢獻（單位售價減單位變動成本）較高（$160 大於 SD221 的 $100）。然而在作這種決策時，我們首先要瞭解究竟是何種產能資源受限？所謂產能資源受限必然代表某一種「資源」受到限制，以致於無法兩種產品都生產。

　　若這兩種產品的銷售都沒有問題，而瑞展工業股份有限公司大里廠的最大產能是每個月 240 個機器小時，因此，機器小時便是限制條件，這時我們必須對 MD131 以及 SD221 兩種產品作進一步的邊際貢獻分析，以瞭解這兩種產品邊際貢獻轉化成以時間為基礎的差異，若生產 MD131 每一單位需 20 分鐘、SD221 每一單位只需 10 分鐘，則從表 1-5 可以進一步的比較，若花一小時生產 MD131，將產生 $480 的邊際貢獻，而生產 SD221 則會有 $600 的邊際貢獻。

　　顯然的，瑞展工業大里廠應該多生產 SD221 才對，若有多餘的產能，才生產 MD131。這是因為生產 MD131 一小時，雖會產生 $480 的邊際貢獻，但機會成本是 $600（放棄生產 SD221 所犧牲的經濟效益），成本比效益高，所以不划算。而生產 SD221 一小時，會產生 $600 的邊際貢獻，機會成本卻只有 $480（放棄生產 MD131 所犧牲的經濟效益），成本比效益低，值得生產。

表 1-5　MD131、SD221 產品邊際貢獻分析表

產品項目 基本資料	MD131	SD221
每單位售價	$ 240	$ 160
每單位變動成本	（80）	（60）
單位邊際貢獻	160	100
每單位生產時間（分鐘）	20	10
每小時邊際貢獻	$ 480	$ 600

　　機會成本的概念除了能幫助我們作管理決策外，其實我們日常生活也常會碰到類似的情形，若能靈活運用機會成本的概念，應該對於決策品質的提升有很大的幫助。

　　有了成本的概念，我們可以如何運用在日常的管理決策呢？以下讓我們看看如何運用這些成本資訊，以提供經理人做決策。

1-3 成本資訊的運用 — 損益兩平分析

　　企業若想知道在某一個銷售數量下可以賺多少錢，或者想知道要賣多少數量才可以收回總成本（不賺不賠），則需要整合各項變動與固定成本的資訊，作損益兩平分析（break-even analysis），或叫成本利量分析（cost-volume-profit analysis；CVP analysis）。

　　要作損益兩平分析，首先必須對成本習性（cost behavior）有所瞭解，所謂成本習性，就是在特定的產能區間（攸關範圍）內，成本與數量間的關係，我們通常把成本區分成：

專有名詞

成本習性（cost behavior）

在特定的產能區間（攸關範圍）內，成本與數量間的關係。

專有名詞

變動成本

總成本隨單位數量的增加而增加，但每單位的成本則是固定。

專有名詞

固定成本

總成本在該特定的產能區間內不隨數量的變動而變動，但每單位的成本則會隨數量增加而降低。

1. 變動成本：總成本隨單位數量的增加而增加，但每單位的成本則是固定，例如生產汽車所需要的鋼板，生產越多汽車，便需要投入越多鋼板。

2. 固定成本：總成本在該特定的產能區間內不隨數量的變動而變動，但每單位的固定成本則會隨數量增加而降低，例如機器設備的折舊費用。

　　損益兩平分析常假設所有的成本均可分為固定與變動兩種，且生產數量與銷售數量相等（沒有存貨），並假設不管銷售數量多少，每單位的銷售價格均維持不變。在這樣的假設下，若公司只生產一種產品，則其利潤的等式如下：

利潤＝收益－總成本＝收益－（總變動成本＋總固定成本）

　　＝收益－總變動成本－總固定成本

　　＝（銷售數量 × 單位售價）－（銷售數量 × 單位變動成本）
　　　－總固定成本

　　＝【銷售數量 ×（單位售價－單位變動成本）】－總固定成本

（式 1-1）

　　在作成本利量分析時，我們常須知道每一單位的**邊際貢獻**（contribution margin），所謂邊際貢獻，就是售價減變動成本，每單位的邊際貢獻代表每單位的銷貨收入中可以用來分擔固定成本以及產生利潤的部分，若以**邊際貢獻**的定義，則（式 1-1）可以改寫成：

利潤＝（銷售數量 × 單位邊際貢獻）－ 總固定成本　　　　（式 1-2）

根據（式 1-2），我們可以計算出要銷售多少單位才能達到損益兩平點（總收入等於總成本）：

→ 損益兩平點的銷售量＝總固定成本 ÷ 每單位邊際貢獻 　　　（式 1-3）

（式 1-3）就是損益兩平的基本公式（breakeven equation），若我們想知道要達到預計的利潤目標，要銷售多少數量，則可以進一步根據（式 1-3）算出：

→ 要達到特定利潤目標所需銷售的單位數

　＝（利潤＋總固定成本）÷ 每單位邊際貢獻 　　　（式 1-4）

若我們想知道損益兩平點下的銷售金額，而不是銷售單位數，則只要將（式 1-3）等式的兩邊各乘以每單位售價：

損益兩平點的銷售量 × 每單位售價

　＝（總固定成本 × 每單位售價）÷ 每單位邊際貢獻

　＝總固定成本 ÷（每單位邊際貢獻 ÷ 每單位售價）

　＝總固定成本 ÷ 單位邊際貢獻率

→ 損益兩平點的銷售額＝總固定成本 ÷ 單位邊際貢獻率 　　　（式 1-5）

→ 要達到特定利潤目標所需銷售額

　＝（利潤＋總固定成本）÷ 單位邊際貢獻率 　　　（式 1-6）

釋 例

瑞展公司計畫於為期三天的台北國際醫療用品展中，推銷最新型的醫療器材用齒輪 X。X 產品每單位生產成本 \$150（全部為變動成本），單位售價 \$250，而參展攤位的租金費用為 \$3,000。則損益兩平的銷售數量為：

損益兩平點的銷售量

　＝總固定成本 ÷ 每單位邊際貢獻

　＝ \$3,000÷（\$250 － \$150）

　＝ \$3,000÷\$100

　＝ 30（單位）

驗算：

總收益－總成本

　＝ \$250×30 －（\$150×30 ＋ \$3,000）

　＝ \$7,500 － \$7,500

　＝ 0

故當銷售量為 30 單位，將會不賺不賠（損益兩平）。

銷售量為低於 30 單位，則營業發生損失。

銷售量為高於 30 單位，則營業發生利益。

進一步驗證如下：

	銷售量＝ 40 單位	銷售量 =30 單位	銷售量＝ 20 單位
銷貨收入 @250	$10,000	$7,500	$5,000
減：變動成本 @$150	6,000	4,500	3,000
邊際貢獻 (CM) @$100	$4,000	$3,000	$2,000
減：固定成本	3,000	3,000	3,000
營業利益（損失）	$1,000	$ 0	($1,000)

我們可以發現，損益兩平分析必須要有變動與固定成本的資訊，在這裡只是先介紹基本的概念，如何區別固定與變動成本將在下一章進一步介紹。

1-4 管理會計人員的職業道德行為

會計人員由於提供資訊給公司內部或外部人士，這些資訊通常攸關公司的業務，甚至是機密性的資訊。因此會計人員對於職業道德有特別的標準與要求，專業會計組織均致力於提升與制訂高的道德標準。

許多先進國家均有代表管理會計人員之會計專業組織，例如美國管理會計人員協會（Institute of Management Accountant；IMA），是美國最大的管理會計人員組織，它提供管理會計師（Certified Management Accountants；CMA）與財務管理師（Certified in Financial Management；CFM）的證照考試，同時，IMA 也制訂並頒佈管理會計人員行為準則（Standards of Ethical Conduct for Management Accountants），指引管理會計人員的專業能力、保密、正直、及客觀等方面的行為準則。我國目前雖有民間單位舉辦管理會計師考試[9]，但並無較具公信力的管理會計人員專業組織，也沒有相關團體機構制訂管理會計人員的行為準則規範。

9　『中華策略管理會計學會』為目前國內辦理管理會計師（Certified Management Accountants；CMA）的機構，但並未制訂管理會計人員專業職業道德規範。

從本章最後的「問題討論」範例中，我們可以體會管理會計人員因為業務上職掌，常掌握企業或組織重要的機密資訊，管理會計人員若沒有高標準的道德規範，很容易造成企業或組織嚴重的傷害。該範例的故事提醒所有的管理會計人員，若行為足以危害組織利益時，應該採取高標準的道德規範以避免損害企業。會計人員也常遇見被主管要求配合舞弊（作虛假的交易安排或錯誤的估計等），國內博達事件、美國的安隆事件等，都是有名的會計弊案，這類舞弊事件往往造成組織，甚或是社會大眾的重大損失，可怕的是這些弊案都與會計人員脫不了關係。

管理會計人員提供專業的知識，雖可幫助主管提升決策品質，但若行為上違背職業道德，將危害組織甚巨，因此管理會計人員除了要具備專精的專業能力外，更重要的是應該要有比其他部門人員更高標準的道德約束，否則很容易造成組織的重大傷害，並且損及社會大眾對會計專業人士的信賴，亦將損及會計專業的發展。

> 管理會計人員除了要具備專精的專業能力外，更重要的是應該要有比其他部門人員更高標準的道德約束。

問題討論

職業道德案例

葉麗文小姐是瑞展工業股份有限公司會計部門資深的員工，麗文大學時念的就是會計系，畢業後曾在台北的大會計師事務所擔任三年的查帳員，因為家裡住台中，所以五年前瑞展工業股份有限公司招募會計主管，麗文決定應徵並且順利的獲得錄用，由於專業能力強，加上事務所的歷練，麗文在瑞展公司這五年來深得主管的器重，幾乎所有的大訂單，甚或新產品的開發訂價，她都會參與高層的會議，提供成本利潤分析的資料。

麗文大前年與相戀多年的男友結婚，先生服務於台中市一家信用合作社，但去年該信用合作社被一家商業銀行購併，麗文的先生突然被裁員，離職後至今尚未找到理想的工作，大女兒、二女兒陸續出生後的生活費，加上每個月三萬多元的房貸，這個家的所有開銷幾乎都靠麗文的收入，讓麗文有些喘不過氣。

上週末，麗文的老同學智偉約她出來吃飯，智偉是麗文小時候的鄰居、玩伴、小學同學，一直到大學都是同校，但智偉念的是企管系，畢業後智偉在一家機械公司上班，約半年前智偉開始出來創業。以下是兩人在餐廳的對話：

智偉：我已經取得韓國機械大廠在臺灣的代理權，最近在中部科學園區的業務開展得不錯，真希望能標到友達公司建廠管線的大訂單。

麗文：喔？那麼巧，我們公司也在爭取這個訂單，我們是自己生產，你是進口貨，我看你有得拼呢。

智偉：那可未必，只要妳願意幫我，我的勝算應該很大的，要知道，我要是得到這訂單，我就可以擴大我公司的規模，到時我一定需要一位會計主管，如何？你到時過來我這裡，我給妳兩倍的薪水，再說…我們這麼久的友誼…

麗文：我要怎麼幫妳？

智偉：不用擔心，我不想知道你們公司的報價，當我擬好報價單時，我希望妳利用下班時間幫我看看，有哪些項目不該列，或者是列得太高，妳不用會擔心做出背叛公司的事。

問題一：

麗文到底該不該幫智偉？幫他的話算不算作出背叛公司的行為？

問題二：

麗文如果只是利用下班時間幫智偉，就沒有違法的疑慮？ 有沒有道德上的疑慮？

討論：

表面上看起來，麗文只是利用下班時間，因為智偉並不是念會計的，好朋友本就應該互相幫忙，且麗文並無洩漏公司底價資料給智偉，只是憑她的經驗幫智偉看看報價單而已，這有何不可？

其實，依照美國管理會計人員協會的行為規範，這樣的行為是不被允許的。若麗文幫智偉，在幫他看訂單時，腦海中一定會將公司的訂單拿來作比較，由於不自主的善意提醒，很容易讓智偉的報價低於瑞展公司而接到訂單，若後來麗文也到智偉的公司上班，這樣一來，對公司就會造成嚴重的損失了。

本章回顧

會計資訊系統可以概分為財務會計與管理會計，前者是依照一般公認會計原則所產生的，報導並反應企業的財務狀況與經營成果，提供企業外部資訊使用者作投資、授信以及其他各種不同的決策，其資訊品質強調客觀、可靠、一致。

管理會計則是提供企業內部各級經理人經營管理決策所需的資訊，並無一般公認管理會計準則可供遵循，從研發、設計、製造、行銷、運送、至售後服務，價值鏈的過程中，經理人時時都需要管理會計人員提供高品質的資訊，據以作規劃與控制的決策活動。管理會計人員不但要懂會計專業知識，在現今複雜多變的經營環境下，更要瞭解營運實況、注意經營環境的變化，才能提供經理人高品質的資訊，管理會計資訊強調的品質特性為攸關與及時。

所謂成本，乃指為了完成一項能產生目前或未來經濟效益的特定活動，所付出或犧牲的代價。對於買賣業而言，產品成本就是向供應商進貨的成本，以及為達到可供銷售的狀態，所必要的支出（如運費等）。但對製造業而言，製造成本的投入應包括直接原料、直接人工與製造費用，其中直接原料加直接人工合稱為主要成本，而直接人工加製造費用合稱為加工成本。製造業的存貨包含原料存貨、在製品存貨、與製成品存貨，因此其銷貨成本的計算要分為下列幾個階段：

耗用原料總額 ＝ 期初原料 ＋ 本期進料 － 期末原料

製造成本總額 ＝ 耗用原料總額 ＋ 直接人工耗用 ＋ 製造費用

製成品成本 ＝ 製造成本總額 ＋ 期初在製品 － 期末在製品

銷貨成本 ＝ 製成品成本 ＋ 期初製成品 － 期末製成品

損益兩平分析（或稱為成本利量分析），是運用產品的固定成本、變動成本、售價，計算銷售價格、數量與利潤間的關係。此外，這一章我們也介紹機會成本的概念：機會成本是指當選擇使用一項資源，所犧牲或放棄的最大經濟利益，善用機會成本的概念對於決策品質的提升有很大的幫助。

不管是財務會計或者是管理會計，由於會計資訊產生的過程中，必然會接觸許多與營運決策有關的機密資訊，會計人員相較於其他部門人員而言，對於組織的營運資訊與財務狀況可說最為瞭解。近年來許多會計弊案，多因為有會計人員違反職業道德，往往付出重大的社會成本，更危害了會計專業人員的專業形象。因此，會計專業人員除了要有良好的專業知識外，更要有高超的職業道德標準，否則企業或組織將暴露在高度的風險下。

本章習題

一、選擇題

(　) 1. 下列敘述何者正確？

    (A) 管理會計需遵循一般公認會計原則

    (B) 管理會計系統主要給外部人士使用

    (C) 管理會計有一致的衡量基礎與報導格式

    (D) 管理會計系統是公司內部制度的一部分。

(　) 2. 下列何者非管理會計的資訊報導與服務對象？

    (A) 員工　(B) 各階層經理人　(C) 董事會　(D) 社會大眾。

(　) 3. 為何會計人員之職業道的有特別的標準與要求？

    (A) 會計人員提供資訊給公司利害關係人

    (B) 資訊通常攸關公司的業務，甚至是機密性的資訊

    (C) 專業會計組織致力於提升道德標準

    (D) 以上皆是。

(　) 4. 下列何者為管理會計人員的範疇？

    (A) 處理日常會計交易　　　　　　　(B) 編製財務報表

    (C) 提供各階層管理人員所需要的成本資訊　(D) 編製主管機關要求的報表。

(　) 5. 甲公司於 3 月 1 日有期初在製品 9,000 單位，已完工 60%。於 3 月份完工 30,000 單位，3 月底仍有在製品 12,000 單位，完工 40%。試問甲公司於 3 月份投入生產若干單位？

    (A) 25,800　(B) 29,400　(C) 33,000　(D) 36,600。　　　　（107 原住民四等）

(　) 6. 當產品之產量增加時，下列何者最能反映產品平均單位成本的變化？

    (A) 變動成本增加　　　　　(B) 變動成本下降

    (C) 固定成本增加　　　　　(D) 固定成本下降。　　　　（106 普考）

(　) 7. 乙公司 X1 年度之銷貨金額為 $400,000，變動成本率為 40%，淨利 $150,000，其損益兩平銷貨收入為何？

    (A) $16,667　(B) $150,000　(C) $225,000　(D) $250,000。　　　　（106 普考）

( ) 8. 下列有關攸關成本之敘述，何者正確？

(A) 變動成本均為攸關成本

(B) 固定成本均為非攸關成本

(C) 攸關成本為隨決策的選擇而變化的歷史成本

(D) 攸關成本為隨決策的選擇而變化的未來成本。　　（106 原住民四等）

( ) 9. 甲產品損益兩平銷貨金額為 $100,000，邊際貢獻率為 65%，若希望獲得之稅後淨利為 $53,950，則銷售收入應為何？（適用之稅率為 17%）

(A) $153,846　(B) $183,000　(C) $197,110　(D) $200,000。　　（105 身障四等）

( ) 10. 關於攸關成本之敘述，下列何者錯誤？

(A) 由於決策是未來導向的，故攸關成本不一定出現於財務報表

(B) 與決策有關之所有成本皆屬於攸關成本，包括可免成本與不可免成本

(C) 沉沒成本係過去決策所發生之成本，故所有沉沒成本皆為非攸關成本

(D) 攸關成本係指會影響或改變決策之成本。　　（105 身障四等）

二、計算題

1. 甲公司 X6 年有下列之成本資料：

在製品存貨 1/1	$8,000
X6 年製造成本	160,000
在製品存貨 12/31	7,000
製成品存貨 1/1	16,000
製成品存貨 12/3	22,000

試作：

(1) 計算甲公司 X6 年之製成品成本。

(2) 計算甲公司 X6 年之銷貨成本。　　（107 普通考試）

2. 甲公司 X1 年的部分財務資訊如下：

銷貨收入	$1,750,000
X1 年 1 月 1 日直接原料存貨	50,000
直接人工薪資	550,000
間接原料	50,000
間接人工	25,000
工廠水電費用	25,000
X1 年 1 月 1 日製成品存貨	50,000
X1 年 12 月 31 日在製品存貨	75,000
辦公室耗材費用	30,000
X1 年 12 月 31 日製成品存貨	75,000
X1 年 12 月 31 日直接原料存貨	50,000
銷售人員薪資費用	180,000
X1 年 1 月 1 日在製品存貨	50,000
購買直接原料	350,000
工廠租金費用	300,000
辦公室折舊費用	30,000

試作：

(1) 編製 X1 年度的製成品成本表。

(2) 計算 X1 年度銷貨成本及淨利。 　　　　　　　　　　（102 普通考試）

3. 赤焰企業生產散熱模組，工廠不幸於 20X4 年 7 月底遭逢祝融，導致存貨損毀，僅能依據所餘會計資料求算出相關存貨損失，作為後續保險理賠之依據，相關資料如下（單位：百萬元）：

直接材料存貨（20X4 年 7 月 1 日）	$189
直接材料購入	657
直接材料耗用	680
製造費用合計	810
變動製造費用	475

20X4 年 7 月製造成本合計	3,050
在製品存貨（20X4 年 7 月 1 日）	415
製成品成本	2,980
製成品存貨（20X4 年 7 月 1 日）	235
銷貨成本	3,186

試作：

請計算下列成本：直接材料存貨（20X4 年 7 月 31 日）、在製品存貨（20X4 年 7 月 31 日）、製成品存貨（20X4 年 7 月 31 日）、20X4 年 7 月直接製造人工成本、20X4 年 7 月的主要成本。　　　　　　　　　（105 身心特考四等）

4. 甲公司在 20X1 年的生產、銷售資料如下：

(1) 期初原料存貨與期末原料存貨分別為 $54,000 與 $48,000。

(2) 期末原料存貨相當於本期進料之 12.5%。

(3) 直接人工占製造成本的 45%。

(4) 製造費用為直接人工的 50%。

(5) 期初在製品存貨為 $46,400，相當於期末在製品存貨的 80%。

(6) 期初製成品存貨為 $72,000，相當於期末製成品存貨的 75%。

(7) 毛利為銷貨成本的 40%。

(8) 銷管費用為銷貨收入的 20%。

試作：

(1) 甲公司在 20X1 年之直接材料、直接人工、本期製成品成本。

(2) 甲公司在 20X1 年之銷貨收入、本期營業利益。　　　（106 原住民特考三等）

5. 羅德公司本月份有關存貨成本資料如下：

	月初	月底
直接原料	$27,000	$19,000
在製品	26,000	18,500
製成品	33,000	13,500

其他補充資料：

(1) 本月份直接原料進貨總額為 $140,000。

(2) 本月份製造費用為直接人工成本之 350%。

(3) 本月份製造成本為主要成本的 2 倍。

(4) 本月份銷貨毛利是銷貨成本的 40%。

試計算：

(1) 直接原料耗用總額。

(2) 直接人工。

(3) 製造費用。

(4) 製成品成本。

(5) 銷貨成本。

(6) 銷貨總額。 （106 地方特考三等）

6. 瑞騰公司生產商用與家用玻璃。有關各批次的資訊如下：

(1) X8 年初，有三個批次在製中，其成本各為：批次 259：$4,000；批次 260：$5,000；批次 261：$3,000。

(2) X8 年初，有一個批次已完工等待運送，其成本為：批次 258：$10,000。

(3) X8 年度，發生下列成本：直接原料：$500,000；直接人工：$1,500,000；製造費用：$2,000,000。

(4) X8 年底，有兩個批次在製中，其成本各為：批次 347：$3,000；批次 348：$5,000。此外，X8 年底有四個批次完工並等待運送，其成本各為：批次 343：$1,500；批次 344：$2,000；批次 345：$3,000；批次 346：$4,000。

試作：

(1) 計算 X8 年度製成品成本。

(2) 計算 X8 年度銷貨成本。 （103 地特四等）

7. 甲公司本月份發生下列有關生產之資料：

(1) 製造成本為 $150,000，其中製造費用占 27%。

(2) 製成品成本為 $135,000。

(3) 製造費用為直接人工成本的 60%。

(4) 期初在製品存貨為期末在製品存貨的 80%。

(5) 期末材料存貨為 $12,000。

(6) 期初材料存貨為本期購料的 20%。

(7) 期初製成品存貨為 $52,500，是期末製成品存貨的 70%。

試作：

(1) 計算直接材料成本。

(2) 計算期初材料存貨。

(3) 計算期初在製品存貨。

(4) 計算本月份銷貨成本。　　　　　　　　　　　　　　（101 身心障礙特考四等）

8. 台生公司 X8 年的有關資料如下：

銷貨	$ 112,000
製成品存貨：	
X7 年 12 月 31 日	$ 10,200
X8 年 12 月 31 日	$ 7,000
在製品存貨：	
X7 年 12 月 31 日	$ 15,000
X8 年 12 月 31 日	$ 8,000
材料存貨：	
X7 年 12 月 31 日	$ 8,500
X8 年 12 月 31 日	$ 8,000
材料採購	$ 36,000
直接人工成本	$ 15,000

(1) 製造費用攤入生產的金額為 $10,000。

(2) 銷售費用為銷貨收入的 5%。

(3) 管理費用為銷貨收入的 2%。

(4) 營業外費用為銷貨收入的 1%。

試作：

根據上述資料編製該公司 X8 年度之綜合損益表。　　　　（99 身心障礙人員四等）

9. X1 年初股東以股東 $1,000 出資成立台南公司，同時以現金購買辦公用設備 $60 與生產用廠房 $100，設備均耐用 5 年，無殘值，直線法提列折舊。

  (1) X1 年相關資料如下：

    ①購料 $200，支付現金 $140，耗用材料 $150。

    ②薪資 $200（50% 直接人工，30% 間接人工，20% 其他），支付現金 $150。

    ③完工轉入成品倉庫成本 $250，80% 製成品出售，銷貨收入 $800，帳款 50% 收現，支付銷貨運費 $20。

  (2) X2 年相關資料如下：

    ①購料 $300，支付現金 $200，耗用材料 $250，支付進貨運費 $50。

    ②薪資 $300（50% 直接人工，30% 間接人工，20% 其他），支付現金 $320。

    ③完工轉入成品倉庫成本 $400，出售成本 $300 商品，銷貨收入 $1,000，帳款 50% 收現，支付銷貨運費 $20。

  試求：

  編製 X2 年綜合損益表、資產負債表。

10. 臺北公司 X4 年初資產負債表如下：

資產：		負債：	
現金	$200,000	應付帳款	$900,000
應收帳款	400,000	應付所得稅	100,000
原料	100,000	長期負債	240,000
在製品	200,000		
製成品	120,000		
預付保險費	20,000		
土地	120,000	權益：	
廠房	1,600,000	普通股本	$920,000
機器設備	1,200,000	保留盈餘	1,200,000
減：累計折舊	(600,000)		
資產總額	3,360,000	負債及權益總額	3,360,000

X4 年 1 月份有關交易如下：

(1) 賒購原料 $100,000。

(2) 領用原料：直接原料 $40,000，間接原料 $20,000。

(3) 薪資總額 $200,000（直接人工 50%，間接人工 25%，行銷薪資 15%，管理薪資 10%）。

(4) 製造費用：廠房折舊 $8,000，機器設備折舊 $10,000，預付機器設備保險費已耗用部分 $4,000。

(5) 現金支付廠房財產稅 $12,000。

(6) 收回客戶帳款 $12,0000。

(7) 現金支付應付帳款 $240,000，薪資 $200,000。

(8) 將實際製造費用結轉至在製品。

(9) 製造完成的商品轉入製成品 $400,000。

(10) 銷貨 $600,000，其中 50% 為賒銷。

(11) 紀錄銷貨成本 $360,000。

(12) 提列所得稅 $40,000。

試求：

(1) 作有關分錄。

(2) 編製製成品成本表及銷貨成本表。

CHAPTER 2

成本習性

學習目標　讀完這一章，你應該能瞭解

1. 變動成本的習性。

2. 固定成本的習性。

3. 混合成本的習性。

4. 如何使用帳戶分析法、工業工程法、高低點法、散佈圖法以及最小平方法這些方法來分析混合成本，以及這些方法的優缺點。

5. 如何判定迴歸式是否符合資料。

引言

　　佳年離開原先上班的公司後自行創業，創立瑞展工業社並擔任董事長一職，雖然他本身有些微商學的背景也當任過大企業董事長秘書多年的經歷，但由於第一次創立公司擔任董事長一職，所以在經營上更是格外謹慎小心且認為自己在專業的管理領域仍有不足之處，為了盡快進入狀況讓自己駕輕就熟，於是拜訪多年好友大銘（目前為某上市公司的總經理）並聽從他的建議，大銘建議他進入 MBA 進修，先對成本方面下手建立更完善的管理知識。佳年與教授見面後，發現許多之前可能忽略掉的概念尤其是成本習性對於許多決策而言更是不可或缺的重要概念，能夠協助管理部門與自己更精準的掌握在各種營運狀況對其成本採取最有效的控管與預測。

2-1 變動成本習性

　　佳年瞭解了成本習性的重要性後，張教授接著說明成本習性可分為：變動成本、固定成本以及混合成本。管理階層必須要準確的預測出各種作業水準下其成本為何，才能夠有助於管理階層做出好的決策。

　　變動成本（Variable Costs）指的是其成本總額會隨著作業量的變動而呈現同一個方向變動。譬如，瑞展公司生產的齒輪，每公斤成本為 $300。而不論期間生產多少公斤的齒輪，每公斤的成本仍然為 $300。表 2-1 以單位成本及總成本，列示變動成本習性如下：

表 2-1　變動習性下單位成本和總成本之關係

齒輪產量 ×	齒輪每公斤成本 =	生產齒輪總成本
250	$300	$75,000
500	300	150,000
750	300	225,000
1,000	300	300,000

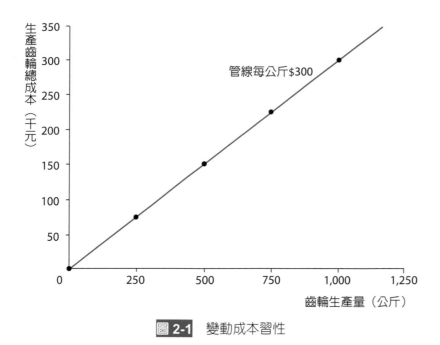

圖 **2-1** 變動成本習性

　　變動成本中可分為成本與作業水準成同比例的真變動成本（True Variable Costs）或稱同比例變動成本（Proportionately Variable Costs）以及成本與作業水準的變動具有變動及固定雙重性質的成本，呈現階梯狀的階梯式變動成本[1]（Step Variable Costs）。

　　另外，變動成本又可依照是否與生產量有明確關係區分為：工程性變動成本（Engineered Variable Costs）及任意變動成本（Discretionory Variable Costs）兩類。

　　工程性變動成本指成本與數量具有因果關係，即投入與產出有明確的特定關係，原料與直接人工即屬之。

1　階梯式變動成本：譬如當產品生產後需要有人員去檢驗是否為瑕疵品，假設一位檢驗人員一天只能夠檢驗一百件產品，當生產量超過一百件產品時就需要再多一位檢驗人員，以此類推，檢驗人員的成本與作業水準呈現階梯狀，此時檢驗人員的雇用成本就成為「階梯式變動成本」。

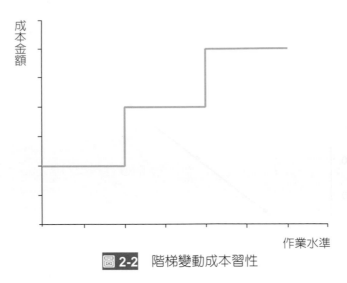

圖 2-2　階梯變動成本習性

　　任意變動成本[2]指的是成本與生產量之間並無因果關係，通常是基於管理政策，使得成本與數量同向變動，例如，管理者決定依照銷貨總額百分比，提撥為研發成本。

2-2　固定成本習性

　　經過張教授的講解以後，佳年開始對變動成本習性有一定的認識，佳年提出了一個疑問：既然變動成本習性是如教授所說，變動成本與作業量水準具有很高的因果關係，企業是否只需要注意變動成本即可？張教授笑著回答：其實不然，除了變動成本外，另外還有固定成本（fixed costs）。目前許多企業中，固定成本高於變動成本，導因於自動化的重要性提高以及採用合約保證年薪或最低工作時數，導致對機械和設備的投資增加，隨之而來固定折舊費用或租賃費用增加，並且減低了人工成本變動對產量的影響，可知固定成本的重要性。因此，對固定成本的瞭解也是很重要的，內容如下：

　　固定成本指的是在特定期間及攸關範圍內，不論其作業水準變動為何，其成本金額皆維持不變。舉例而言，瑞展公司每年以租金 $1,000,000，向租賃公司租用機器一台，不論每年生產多少公斤的齒輪，其支付租金總額皆維持不變。固定成本習性如下圖 2-3。

2　任意變動成本具備兩個特性：1. 與產量並無明確的關係。2. 其發生起因於期間之預算決策。

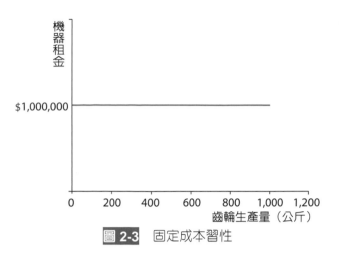

圖 2-3　固定成本習性

　　因固定成本總額不變，因此，當生產單位量增加時，每單位的固定成本會遞減，如圖 2-4 所示。

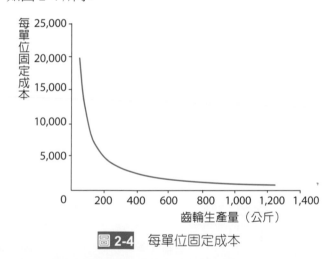

圖 2-4　每單位固定成本

　　另外，固定成本的發生通常是與提供產能有關，如廠房或機器設備等，因此固定成本有時也稱產能成本。也可依規劃目的做出分類，將固定成本劃分為：既定性固定成本（committed fixed costs）以及可裁量固定成本（discretionary fixed costs）。

　　既定性固定成本[3] 指的是無法因未來決策的改變，而改變其固定成本之總額。包含了廠房、設備及基本組織結構所發生之成本，例如：廠房設備折舊或因契約所發生之成本，例如：租金、保險費等。

> 既定性固定成本具有兩項特性：1. 屬長期性質。2. 無法在不損及組織獲利能力或長期目標下將它降之為零。

3　既定性固定成本具有兩項特性：1. 屬長期性質。2. 無法在不損及組織獲利能力或長期目標下將它降之為零。

管理階層面對既定性固定成本時，由於其相關成本皆成定局，因此其控制重點就是盡可能有效運用現有的廠房、設備等相關既定性固定成本，確保達成組織目標。

可裁量固定成本或稱可規劃固定成本（programmed fixed costs），指的是其雖有固定成本之性質，卻可因未來決策的改變而改變其固定成本之總額。例如：廣告費用、研發支出等。

可裁量固定成本與既定性固定成本之差異主要為：1. 規劃期間較短，可裁量固定成本通常只涵蓋一年，既定性固定成本其規劃時間通常涵蓋多年。2. 可裁量固定成本在某些情況下，可將之削減，而不致對組織之目標產生太大的傷害。例如原本瑞展公司每年皆花 $500,000 在廣告費用上，但由於經濟的不景氣，可能降低廣告的花費，雖然可能對組織目標造成一些不利的影響，但如果處分廠房設備，在下次景氣復甦時，可能無法立即提供足夠的產能，後續影響可能更大。

管理階層在面對可裁量固定成本時，為了每年都可重新評估各種可裁量固定成本的支出水準，以決定是否加以增減，因此其重點在避免使決策內容跨越單一預算期間。

張教授講解完變動成本及固定成本習性後，對兩者做出比較，如下表 2-2。

表 2-2 變動成本與固定成本之比較

成本習性　　　成本項目	變動成本	固定成本
成本總額	隨作業水準增加而增加	不變
單位成本	不變	隨作業水準增加而遞減

2-3 混合成本的習性

佳年瞭解變動成本與固定成本對決策的重要性後，對張教授提出問題：有些成本不是那麼容易能夠區分出變動成本或是固定成本，那我要怎麼作決策呢？張教授笑著說：的確！在實務上每項成本都不是那麼單純的是變動成本或是固定成本，其中有很多成本其中包含了變動成本以及固定

成本的習性，我們稱之為混合成本，在實務上我們經常會碰到如：電費、維護、電話費及修理費等。

混合成本（mixed costs）也稱半變動成本（semivariable costs），兼具有變動成本與固定成本因素的成本。以瑞展公司為例，假設公司租用一台機器作為生產管線之用，租賃合約要求每年支付租金 $500,000，另外當年度每使用機器一個小時須支付 $2。假如在某一年度中，該公司使用機器的累積總時數為 60,000 小時，則租賃總成本為 $620,000，其中 $500,000 為固定成本，$120,000 為變動成本。混合成本的習性如圖 2-5。

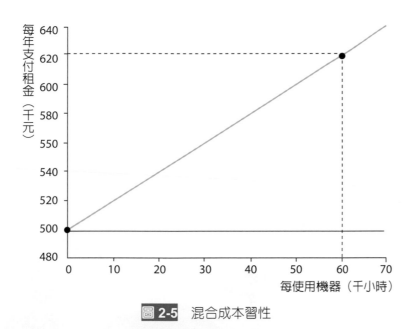

圖 2-5 混合成本習性

即使瑞展公司該年度完全沒有使用該機器，該公司仍然必須支付 $500,000 的最低租金。也就是圖 2-5 中為何成本線與縱軸交於 $500,000 這點。每使用機器一個小時，租賃總成本會增加 $2，這變動成本的部分加到固定成本部分之上，就會使得總成本呈現向上傾斜的正斜率。

因圖 2-5 中的混合成本呈直線，可以下列方程式表達混合成本與作業量的關係。

$$Y = a + bX$$

Y = 總混合成本

A = 總固定成本

b = 每單位作業量的變動成本

X = 作業量

瑞展公司的租賃費用可以方程式表示如下：

總混合成本＝總固定成本＋每單位作業量的變動成本 × 作業量

$$Y = \$500,000 + \$2 \times X$$

在攸關範圍內，所有作業量下的混合成本，皆可以此方程式計算而得。例如，若瑞展公司預估下年度使用機器 45,000 小時，則可預計總租賃成本為 $590,000，計算如下：

$$Y = \$500,000 + \$2 \times 45,000 \text{ 小時}$$
$$= \$590,000$$

成會焦點

成本習性應用於造紙產業

2018 年 2 月臺灣發生前所未見的衛生紙之亂，由於國際紙漿持續上漲及賣場通路過度渲染向媒體放出衛生紙要高漲 2~3 成的消息，進而引起民眾爭先恐後地在搶購衛生紙的風潮，造成一紙難求的亂象。在生產衛生紙須投入原物料紙漿以及包裝運送等，這些都屬於變動成本，皆是隨著產生數量增加而增加，在一攸關範圍內，單位價格並不會隨著數量的增加而變化。除了投入上述之費用外，亦需投入生產的機器設備、租用的廠房租金、雇用管理人員等，這些成本則是屬於固定成本，並且總固定成本不會隨產出數量增加而增加。公司可以預測市場需求，進行成本估算，以採購最適合的存貨，充分控管成本。

資料來源：聯合報

2-4 混合成本的分析

佳年回到公司後發現，確實有許多的成本都是屬於混合成本，但他對混合成本又有了疑問，這麼多的成本雖然看得出來是混合成本，但究竟要如何將變動成本及固定成本區分出來，以便對決策有所幫助。佳年迫不及待的打電話詢問張教授，張教授耐心的說明：「由於混合成本在實務上相當普遍，因此有關混合成本的觀念就顯得極其重要。常見的混合成本項目包括電力、維護、電話費及修理等等。例如，工廠中機器的維修成本就屬於混合成本，相關的維修人員的薪資，大部分屬固定成本，而更換的零件、潤滑油等則是屬於變動成本。」

混合成本中分為固定及變動因素，其中固定因素的部分為，使作業至可供使用狀態最基本、最低的費用；變動因素的部分為，實際耗用該作業所發生的費用，會隨著實際的耗用量同比例的變動。

管理階層為了規劃的目的，該如何處理混合成本？最理想的作法，就是在每項成本發生時，直接區分為固定成本以及變動成本兩個部分。然而，即使能做到，代價也可能相當的高。因此，需要採用客觀的方法將成本加以分類。若能謹慎使用這些方法，將可用最少成本得到接近事實的結果。

成本估計（cost estimation）為決定某一特定成本習性和作業量關係的過程。實務上成本估計常用的方法如下：1. 帳戶分析法；2. 工程估計法；3. 高低點法；4. 散佈圖法；5. 最小平方法。每個方法的結果可能會有差異，這些方法並不相互排斥。因此，可使用兩個以上的方法，將結果相互比較。會計人員提出成本估計數據後，由於直線經理必須對所有成本估計負最終責任，他們通常在估計過程最後依其經驗與專業判斷，修改由會計人員所提出的估計數據。

一、帳戶分析法

帳戶分析法（account analysis method），又稱帳戶分類法（account classification method），逐一複核（review）各個成本帳戶，經分析之後

視該成本和作業水準的關係區分為變動、固定或混合成本。而這種分類取決於會計人員對組織活動和成本的認知經驗及判斷。例如：物料成本被認為是變動成本，租金被認為是固定成本，電話費為混合成本。此法準確度依經理人及會計人員的經驗以及判斷。其優點為計算簡便，缺點為過於主觀，並且觀察資料太少，不同的分析人員會產生不同的結果。

二、工業工程法

工業工程法（industrial engineering approach），又稱工作衡量法（work measurement method），此法是以工業工程師對生產方法、材料規格、設備需求、人工需求、動力耗用、生產效率為基礎，分析投入與產出之關係，訂出固定成本與變動成本，例如：瑞展公司投入鋼鐵、直接製造人工、機器時間及電力，產出為標準齒輪。採時間與動作分析法來計算生產各項作業所需的時間。例如：生產 1 單位的標準齒輪需要 0.01 機器小時，並將實際衡量投入與產出的結果，轉換為標準及預算成本。

因分析過程中需投入較多的時間與成本，此法較適用於投入與產出之間具有明確關係的情況，但頗為耗時。其優點為可指出一個作業所需的步驟，較為精確並且能夠與其他相類似的作業比較。使公司能夠檢討其製造方法，並指出優缺點，可排除無效率與浪費。另外，本法不需要組織過去的作業資料。缺點為需依靠工業工程師之研究，其耗費人事成本較多，且較為繁複。

三、高低點法

以高低點法（high-low method）分析混合成本時，觀察在攸關範圍內的全部資料，找出作業量最高與最低的兩點，即以作業量為選擇之依據，並非以費用為基準。再將這兩點的成本差額除以作業量的變化，計算出每增加一單位所增加的變動成本。最後利用總成本減變動成本計算出固定成本。也可以說是運用兩點計算出斜率係數與常數或截距，斜率係數就是每單位變動成本，常數或截距即是固定成本。

表 2-3 瑞展公司過去六個月份的直接人工小時與製造費用資料

月份	直接人工小時	製造費用
一月	1,250	$2,500
二月	1,700	2,850
三月	2,500	3,550
四月	3,500	4,250
五月	5,000	5,500
六月	3,000	3,900

由於製造費用隨著作業量的增加而增加，顯見其中存有變動成本的部分。採用高低點法由混合成本中分離出變動成本與固定成本，必須將最高和最低的作業量中，直接人工小時與製造費用的變化相互比較：

表 2-4 直接人工小時與製造費用的變化表

	直接人工小時	製造費用
最高作業量（五月）	5,000	$5,500
最低作業量（一月）	1,250	2,500
變動量	3,750	$3,000

假設製造費用公式為

$$Y = a + bX$$

$$b = 變動率 = 成本變動 \div 作業量的變動$$

$$= \$3,000 \div 3,750 = \$0.8 \text{（每直接人工小時）}$$

計算出製造費用的變動部分為每直接人工小時為 $0.8 後，就可以最高或最低作業量下的總成本減去變動成本的部分，計算出固定成本的金額。下列以最高作業量的總成本為例計算如下：

$$a = 固定成本 = 總成本 - 變動成本部分$$

$$= \$5,500 - (\$0.8 \times 5,000 \text{小時})$$

$$= \$1,500$$

將變動成本以及固定成本部分分離後，在攸關範圍內的製造費用，可表示為 $1,500 加上每直接人工小時 $0.8。其成本公式（在 1,250 直接人工小時至 5,000 直接人工小時的攸關範圍內）如下：

$$Y = \$1,500 + \$0.8X$$

　　　　↑　　　　　　　↑
　　總製造費用　　　直接人工小時

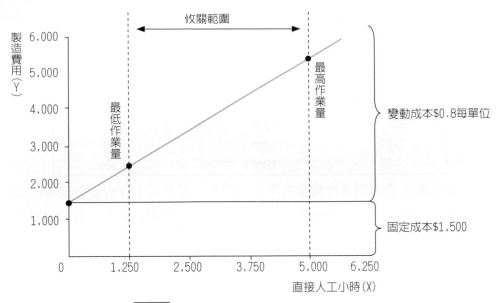

圖 **2-6** 製造費用和直接人工小時之關係

圖 2-6 中，應特別注意以下三點：

1. 成本通常列示於縱軸，並以 Y 表示。因總成本會隨著作業量的增減而變動，所以成本稱爲因變數（dependent variable）。

2. 作業量通常列示於橫軸，並以 X 表示。因作業量的多寡影響著當期發生的成本金額，所以稱爲自變數（independent variable）。

3. 強調攸關範圍。使用成本公式計算時，必須瞭解在攸關範圍之外的作業量，可能不適用。

以高低點法分析成本時，若發現最高作業量的期間成本並非最高，或最低作業量的期間成本並非最低。有這類情況時，必須瞭解作業量才是導致成本增減的因素，還是應以最高及最低的作業量爲基準計算，不能以成本金額做爲基準。

其優點爲分析較以上兩種方法客觀，同樣的資料交由不同的人計算，可得出一致的答案。其缺點在於只考慮最高及最低兩點，而在成本分析中只有兩點往往不足以獲得最正確的結果，其中若存在極端值而未排除，會產生嚴重的錯誤。因此，採用更多的點來決定成本公式，結果可能會比用高低點法更正確些。

四、散佈圖法

散佈圖法（scatter diagram method）也稱視覺法（visual-fit method），因為以圖表的方式將所有資料納入考量，是比高低點法更為準確的方法之一。作法是將成本標示在縱軸，作業量或數量標示在橫軸，再將各作業水準的成本標示在圖上，然後根據這些點配適一條成本線，這條直線可稱為迴歸線（regression line），這條線與縱軸之截距即為固定成本，斜率為每單位作業量之平均變動成本。該條成本線並非僅根據最高點及最低點作連結，而是將所有的點納入考量，使這條線能夠代表圖上各點的分佈情形。

以高低點法中的瑞展公司的成本資料為例，以散佈圖法分析的結果如圖 2-7。

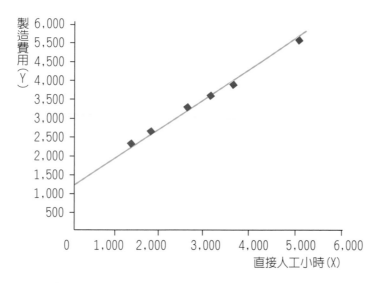

圖 2-7 散佈圖

迴歸線大致將圖上各點分為兩個部分，線上方三點，下方三點。再將這條線向縱軸相交，從縱軸截距可得出固定成本為 $1,300，而單位變動成本則是將固定成本資料帶入每個點得出，也可將帶入每月平均製造費用求出平均每單位變動成本。例如：

一月時，單位變動成本為 $0.96〔＝（$2,500 － $1,300）÷1,250〕。

四月時，單位變動成本為 $0.84〔＝（$4,250 － $1,300）÷3,500〕。

六個月的平均單位變動成本為 $0.87〔平均製造費用（$22,550÷6）＝ $3,758.33，平均直接人工小時（16,950÷6）＝ 2,825，平均單位變動成本

＝（$3,758.33 － $1,300）÷2,825 ＝ 0.87〕，因此，在散佈圖法下每個月的
單位變動成本也有所不同。

　　散佈圖法的優點為簡單易懂，能夠瞭解成本分佈之趨勢，且能排除極
端值。缺點為迴歸線是目視而得，因此，所得之結果因人而異，同樣的資
料交由不同的兩位分析人員，可能會得出不同的結果，較不客觀。

五、最小平方法

　　最小平方法（Least-Squares Method）屬於迴歸分析法（Regression
Analysis Method）中最常用的方法，在導出迴歸線位置方面，遠比散佈圖
法精確且客觀。其利用統計分析來配適出迴歸線，而非僅以目視法描繪出
迴歸線。而與高低點法相比，最小平方法在導出方程式時不僅是考慮最高
最低兩點而已，並會將所有的資料納入考量。

　　圖 2-8 為以假設的資料說明最小平方法之觀念，其中各點與迴歸線的
誤差為標點至迴歸線的垂直距離，而這個誤差稱為迴歸誤差，而最小平方
法之關鍵，就是找出一條迴歸誤差平方和最小的迴歸線，可以方程式表達
如下：

$Y = a + bX$

Y ＝ 因變數，即總成本

a ＝ 總固定成本或縱軸截距

b ＝ 單位變動成本率或此線的斜率

X＝ 自變數，即作業量

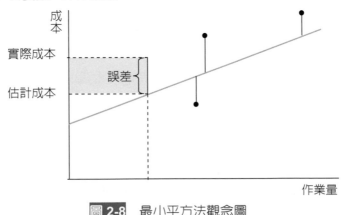

圖 2-8　最小平方法觀念圖

最小平方法計算較為繁複，因此，通常只要將資料輸入電腦，由電腦軟體加以計算。而我們為了找出使迴歸誤差平方和為最小之方程式，所導出斜率 b 的公式如下：

$$b = \frac{\sum(X - \overline{X})(Y - \overline{Y})}{\sum(X - \overline{X})^2}$$ （式 2-1）

其中 $\overline{X}$ 為作業水準（X）的平均值，$\overline{Y}$ 為平均成本（Y）的平均值，算出 b 值後再代入方程式 $\overline{Y} = a + b\overline{X}$，求出 a 值，便可得出使迴歸誤差平方和最小之方程式。

我們以瑞展公司的資料為例，用最小平方法計算如下：

➡ **步驟1**：首先決定平均作業水準 $\overline{X}$ 以及平均成本 $\overline{Y}$。

瑞展公司的平均直接人工小時($\overline{X}$)為2,825小時（16,950小時÷六個月＝2,825小時），平均成本($\overline{Y}$)為$3,758（$22,550÷六個月＝$3,758）。

➡ **步驟2**：計算出 $(X - \overline{X})$，$(Y - \overline{Y})$，$(X - \overline{X})(Y - \overline{Y})$，$(X - \overline{X})^2$，$(Y - \overline{Y})^2$。計算如表2-5。

表 2-5 最小平方之法計算表

欄位	(1)	(2)	(3)	(4)	(5)	(6)	(7)
	直接人工小時	製造費用	(1) $- \overline{X}$	(2) $- \overline{Y}$	(3)*(4)	(3)^2	(4)^2
月份	X	Y	$X - \overline{X}$	$Y - \overline{Y}$	$(X - \overline{X})(Y - \overline{Y})$	$(X - \overline{X})^2$	$(Y - \overline{Y})^2$
一月	1,250	$2,500	$-$ 1,575	$-$ $1,258	$1,981,875	2,480,625	$1,583,403
二月	1,700	2,850	$-$ 1,125	$-$ 908	1,021,875	1,265,625	825,069
三月	2,500	3,550	$-$ 325	$-$ 208	67,708	105,625	43,403
四月	3,500	4,250	675	492	331,875	455,625	241,736
五月	5,000	5,500	2,175	1,742	3,788,125	4,730,625	3,033,403
六月	3,000	3,900	175	142	24,792	30,625	20,069
合計∑	16,950	$22,550	0	$0	$7,216,250	9,068,750	$5,747,083

由表2-5可得 $\sum(X - \overline{X})(Y - \overline{Y}) = \$7,216,250$

$\sum(X - \overline{X})^2 = 9,068,750$

➡步驟3：將$\sum(X-\overline{X})(Y-\overline{Y})$，$\sum(X-\overline{X})^2$代入b的公式

$$b=\frac{\sum(X-\overline{X})(Y-\overline{Y})}{\sum(X-\overline{X})^2}=\frac{\$7,216,250}{9,068,750}=\$0.7957$$

➡步驟4：將b代入$\overline{Y}$可得出a

$\$3,758=a+\$0.7957\times2,825$

$\$3,758-\$2,248=a$

$\$1,510=a$

因此，便可得其迴歸式為：

$Y=a+bX=\$1,510+\$0.7957X$

成會焦點

低利模式－成本控管

　　全聯福利中心，是臺灣目前最大的超市龍頭，從 1998 年接手的 60 幾家店面到 2011 年營收首次超越家樂福，靠著以鄉村包圍城市的經營概念迅速展店至今已拓展到 900 多家店面，全聯以微薄利潤的定價方式造就至今的規模，並強調給消費者物美價廉的感受。

　　全聯的競爭優勢就是低價策略，在營運模式上則是強調不追求光鮮亮麗的外表省下過多裝潢費等，並且為了降低成本而建置自己的生鮮及物流中心，在產品方面則與供應商採寄賣模式及售後付款的合作方式跟其他通路的不同，也就是為什麼全聯能以低價模式並憑藉營運成本比其他通路的費用低，在成本結構的競爭優勢，攻下市場大餅。

2-5 統計分析

張教授講解混合成本的估計方法後，佳年發現成本函數不只有一種組合，管理階層應該如何選擇最適合的成本函數呢？張教授仔細的解釋：混合成本經由上述方法分析之後，得出 $Y = a + bX$ 迴歸式後。我們可以進一步的以相關分析，分析自變數（X，作業量）與因變數（Y，成本）之間的相關性是否合理。

一、相關係數

相關係數（Coefficient of Correlation）通常以 r 表示，用以表示自變數（X，作業量）與因變數（Y，成本）之間的相關程度。r 會介於 -1 至 1 之間，在判斷時 r 若等於 1 表示具有完全正相關，r 若等於 -1 表示具有完全負相關，r 若等於 0 則表示零相關。X（作業量）與 Y（成本）之間的分佈圖所形成的相關程度可以參考圖 2-9。

相關係數 r 公式為：

$$= \frac{\sum(X-\overline{X})(Y-\overline{Y})}{\sqrt{\sum(X-\overline{X})^2 \sum(Y-\overline{Y})^2}}$$ （式 2-2）

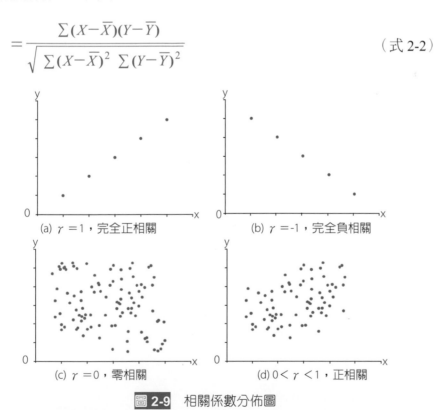

(a) $r = 1$，完全正相關

(b) $r = -1$，完全負相關

(c) $r = 0$，零相關

(d) $0 < r < 1$，正相關

圖 2-9 相關係數分佈圖

依上述瑞展公司最小平方法之資料，可計算出：

$$= \frac{\sum (X-\overline{X})(Y-\overline{Y})}{\sqrt{\sum (X-\overline{X})^2 \ \sum (Y-\overline{Y})^2}}$$

$$= \frac{\$7,216,250}{\sqrt{9,068,750 \times \$5,747,083}} = \frac{\$7,216,250}{7,219,339} = 0.99957$$

一般而言，若相關係數大於 0.7 時，表示相關程度很高。由上述計算瑞展公司例子中，直接人工小時與製造費用為正相關，且趨近於完全正相關。

二、判定係數

判定係數（coefficient of determination）為相關係數 r 的平方。判定係數表示自變數的變動能解釋因變數之變動的百分比。判定係數越大，表示自變數的變動與因變數的變動相關程度越大。

依照上述瑞展公司的例子中，可計算出判定係數為：

$\gamma^2 = 0.99957^2 = 99.9\%$

其判定係數為 99.9%，表示瑞展公司中直接人工小時的變動可解釋 99.9% 製造費用的變動。

製造費用和生產部分相關探討

陳靜宜小姐是瑞展工業股份有限公司會計部門的資深主管，一日張均維總經理向他詢問為什麼我們公司的製造費用老是居高不下？所以要求靜宜對公司的資料做出一份詳細的報告分析，並向他報告該問題造成之原因。

靜宜接到任務後，開始遍尋並分析公司的所有資料，依照以往公司的慣例，靜宜在處理成本資料時皆有將混合成本區分為固定成本以及變動成本，赫然發現，固定成本皆維持一定水準，但變動成本的水準卻很高，她依長期經驗判斷可能是公司的生產良率長期偏低所造成的，因此，靜宜便將公司的生產良率（X）與製造費用（Y）做統計分析，發現兩者呈現顯著負相關。隔日，他便將結果呈報給總經理，總經理才恍然大悟的說，原來是我們公司的生產良率太低的問題啊！

問題：

生產良率與製造費用呈現負相關的意涵為何？總經理瞭解問題點之後應該如何改善其問題？

討論：

生產良率與製造費用兩者呈現負相關的意涵是，當生產良率越高時製造費用便會下降，代表改善生產良率便可以有效的降低製造費用。當總經理希望降低製造費用時，便可以向改善生產良率著手，例如：改善流程、對作業員再訓練或是添購新的設備等，以有效降低製造費用！個案的故事提醒管理人員在作決策時，可以運用統計分析的方法，來分析資料，幫助自己找出問題，避免陷入當局者迷的困境。因此，管理人員需要熟悉這些幫助成本分析的方法，將混合成本區分出變動成本以及固定成本，並且以統計方法分析成本之間的關係，才能夠有效的分析資料解決問題。

本章回顧

　　瞭解成本習性後，管理階層可合理預測出各種作業水準下其成本數據爲何。成本與作業水準之間的關係可區分爲三類：變動成本、固定成本與混合成本。變動成本爲成本總額會隨著作業量的變動而呈現同一個方向變動，且變動成本又可依照是否與生產量有明確關係區分爲：工程性變動成本及任意變動成本兩類；固定成本爲在特定期間及攸關範圍內，不論其作業水準變動爲何，其成本金額皆維持不變，且固定成本也可依規劃目的做出區分爲：既定性固定成本及可裁量固定成本；混合成本則兼具變動成本與固定成本。

　　成本估計爲決定某一特定成本習性和作業量關係的過程。本章介紹五種實務上成本估計常用的方法：1. 帳戶分析法；2. 工程估計法；3. 高低點法；4. 散佈圖法；5. 最小平方法。上述方法，各有其優缺點，管理階層可使用兩種以上方法綜合考量。

　　爲了估計出混合成本之成本函數，本章深入介紹最小平方法，分析自變數與因變數之間的相關性是否合理。相關係數用以表示迴歸線與資料點之間的接近程度；判定係數表示自變數的變動能解釋因變數之變動的百分比。

本章習題

一、選擇題

( ) 1. 下列方法中，那些可用於分析成本習性？請選擇最適當的組合。①散佈圖法或目視法　②工業工程法　③線性規劃　④作業基礎成本制　⑤統計迴歸分析
(A) ①②④　(B) ①②⑤　(C) ②③⑤　(D) ②④⑤。　　（107 會計師）

( ) 2. 大正公司餅乾生產線於 X7 年 1 月至 6 月的成本資料如下：

月份	產量（盒）	成本
1 月	4,100	4,890
2 月	3,200	4,024
3 月	5,300	6,480
4 月	7,500	8,840
5 月	4,800	5,800
6 月	6,600	7,336

假設大正公司使用高低點法估計成本函數。試問生產 5,000 盒餅乾的預估總成本為多少（計算成本取至整數位）？

(A) $4,283　(B) $6,040　(C) $6,227　(D) $8,510。　　（100 會計師）

( ) 3. 威名公司正引進一個新型產品，該產品之預計單位售價為 $21。公司估計第一年生產 1,000 單位產品，所需的直接原料成本為 $2,800，直接人工成本為 $5,000（需使用 500 個人工小時）。間接製造費用使用迴歸法分析過去歷史資料獲得成本函數如下：間接製造費用＝ $6,800 ＋ $1.65 × 直接人工小時。會計人員同時由迴歸分析得到總變異為 $46,500，直接人工小時不能解釋變異為 $26,505。試問間接製造費用的變異有多少比例可由直接人工小時的變動解釋？

(A) 43%　(B) 57%　(C) 66%　(D) 72%。　　（100 會計師）

( ) 4. 下列有關「固定間接製造成本」之敘述，何者錯誤？
(A) 57% 在攸關範圍內，每單位產品負擔之固定成本恆為固定
(B) 66% 在攸關範圍內，當產量增加，每單位分攤之固定成本越少
(C) 72% 以直線法計提之廠房折舊費用，即屬於固定間接製造成本
(D) 在攸關範圍內，不論產量如何變動，固定間接製造成本總額皆固定不變。

（99 高考）

（　）5. 下列何者為關於間接製造成本之最佳敘述？

(A) 可以被追蹤至成本標的的成本　　(B) 其金額高於直接成本

(C) 只包括原料及人工成本　　　　　(D) 可能包括變動及固定成本。

（97 高考）

（　）6. 當成本習性為線性關係時，總變動成本通常會隨著下列何者而成比例變動？

(A) 直接人工小時　　　　　　　(B) 原料總成本

(C) 生產量　　　　　　　　　　(D) 機器小時。　　　（100 普考）

（　）7. 甲公司運用過去 2 年期間每月實際發生之維修費用，迴歸得出維修費用估計模式：$Y = \$24,000 + \$120X$，其中 Y 代表維修費用；X 代表機器小時。依據該維修費用估計模式，如果 X8 年度估計發生機器小時數為 3,000 小時，則 X8 年度每一機器小時之維修費用預算為多少？

(A) $216　(B) $240　(C) $256　(D) $336。　　　（101 高考）

（　）8. 下列何者為期間成本，而非產品成本？

(A) 生產機器的折舊　　　　　(B) 生產機器之維修成本

(C) 生產管理人員薪資　　　　(D) 銷貨運費。　　　（102 普考）

（　）9. 下列何者係用以判定一項成本為直接成本或間接成本之主要基礎？

(A) 作業層級　　　　　　　　(B) 成本分攤方式

(C) 成本動因　　　　　　　　(D) 成本標的。　　　（104 會計師）

（　）10. 乙公司在今年四季產生的機器維修成本及機器小時如下：

	機器維修成本	機器小時
第一季	25,000	5,200
第二季	25,700	5,800
第三季	36,000	7,500
第四季	45,250	9,700

該公司預期明年第一季會發生 8,900 機器小時，則利用高低點法估計之成本函數預測出來的機器維修成本為多少？

(A) $40,650　(B) $41,500　(C) $41,600　(D) $41,650。

（102 高考）

二、計算題

1. 大正公司餅乾生產線於 X7 年 1 月至 6 月的成本資料如下：

月份	產量（盒）	成本
1 月	4,100	4,890
2 月	3,200	4,024
3 月	5,300	6,480
4 月	7,500	8,840
5 月	4,800	5,800
6 月	6,600	7,336

   假設大正公司使用高低點法估計成本函數。試問生產 5,000 盒餅乾的預估總成本為多少（計算成本取至整數位）？　　　　　　　　　　　　　　　　（100 會計師）

2. 西和遊覽公司 X1 年度前半年發生的遊覽車維修費用如下：

月份	行駛公里數	維修費用
1	8,000	55,000
2	8,500	57,000
3	10,600	58,000
4	12,700	58,500
5	15,000	60,000
6	20,000	61,000

   試作：

   (1) 利用高低點法來估計每行駛一公里的變動維修費用及每個月的固定維修費用。

   (2) 列出每個月維修費用的成本方程式。

   (3) 當 7 月預估行駛 22,000 公里時，預估其維修費用為多少？　　　（92 地方特考四等）

3. 甲公司運用過去 2 年期間每月實際發生之維修費用，迴歸得出維修費用估計模式：Y = \$24,000 + \$120X，其中 Y 代表維修費用；X 代表機器小時。依據該維修費用估計模式，如果 X8 年度估計發生機器小時數為 3,000 小時，則 X8 年度每一機器小時之維修費用預算為多少？　　　　　　　　　　　　　　　　（101 高考三級）

4. 甲公司依據過去 12 個月之製造費用進行迴歸分析，得出每月製造費用之估計模式如下：製造費用 = \$80,000 + \$12 × 生產數量。若該公司預期下年度第一季將生產 150,000 單位，則預估第一季之製造費用為多少？　　　　　　　　（105 高考三級）

5. 晶大公司生產一新型產品，公司估計第 1 年生產 100 單位產品（實際產能水準爲 300 單位），所需的直接原料成本爲 $2,000，直接人工成本爲 $6,000（每小時直接人工工資率爲 $15）。間接製造費用使用迴歸法分析過去資料獲得下列成本函數：間接製造費用 ＝ $7,000 ＋ $1.85 × 直接人工小時。晶大公司接到顧客訂購 150 單位產品，試問此張新訂單的總製造成本爲多少？　　　　　　　　　　　　　（99 會計師）

6. 遠東飯店管理當局對分析電費的固定成本及變動成本與房間使用率的關係很感興趣。下列資料摘自當年度的記錄及帳簿。

月份	客人日數	電費
1 月	1,000	400
2 月	1,500	500
3 月	2,500	500
4 月	3,000	700
5 月	2,500	600
6 月	4,500	800
7 月	6,500	1,000
8 月	6,000	900
9 月	5,500	900
10 月	3,000	700
11 月	2,500	600
12 月	3,500	800
合計	42,000	8,400

試作：

(1) 採用下列方法，求電費之固定與變動因素

　　①高低點法。

　　②最小平方法。

(2) 求算客人日數與電費間的相關係數，以及判定係數。

7. 甲公司考慮引進一新型產品，該產品之預計單位售價爲 $20。公司估計第一年生產 10,000 單位產品，所需的直接原料成本爲 $20,000，直接人工成本爲 $60,000（每小時直接人工工資率爲 $10）。間接製造費用使用迴歸法分析過去十二年資料獲得成本函數如下：間接製造費用 ＝ $80,000 ＋ $2 × 直接人工小時。並得出相關係數（r）＝ 0.6，判定係數（R2）＝ 0.36。

試作：

(1) 假設甲公司預計生產 10,000 單位產品，此新型產品預估的毛利率為多少？

(2) 假設甲公司預計生產 10,000 單位產品，間接製造費用的變異有多少比例可由直接人工小時的變化加以解釋？ （107 會計師）

8. 大勇運動社為製造專業網球拍的廠商，為瞭解工廠機器整備成本的變化以利後續成本管理，該社會計長依據過去 60 個月的數據，考慮「整備次數」或「整備人工小時數」為可能之成本動因，運用迴歸分析法估計機器整備成本函數。下列為電腦報表的部分結果：

迴歸式 1：

Variable	Coefficient	Standard error
Constant	973.13	598.64
Number of setups	$56.78	$28.11
R-ssuared=0.53；Durbin-Watson=1.65		

迴歸式 2：

Variable	Coefficient	Standard error
Constant	1417.24	1200.88
Number of setup labor hours	13.13	2.39
R-ssuared　0.82；Durbin-Watson　　1.59		

試作：

(1) 上述兩條迴歸式何者較佳的機器整備成本函數？敘明理由。

(2) 若 9 月份的整備次數及整備人工小時數分別為 750 次及 3,000 小時，請小據第 1 小題所選擇的成本函數估計 9 月份的機器整備成本。9 月底得知實際機器整備成本為 $41,500，請問該社會計長是否須針對此項成本進行調查。 （104 關務會計三等）

9. 漢中公司使用高低點法估計其成本函數，其 20X4 年相關資訊如下：

	機器小時	人工成本
成本動因最高觀察值	400	10,000
成本動因最高觀察值	240	6,800

當使用 300 機器小時情況下，其成本估計數應為若干？

CHAPTER 3

成本－數量－利潤分析 (CVP 分析)

學習目標 讀完這一章，你應該能瞭解

1. CVP 分析的基本要點。
2. 損益兩平分析。
3. 利量圖。
4. 目標營業利益分析。
5. 安全邊際。
6. 成本結構與 CVP 分析。
7. 銷售組合與 CVP 分析。
8. CVP 分析運用在多重成本動因。

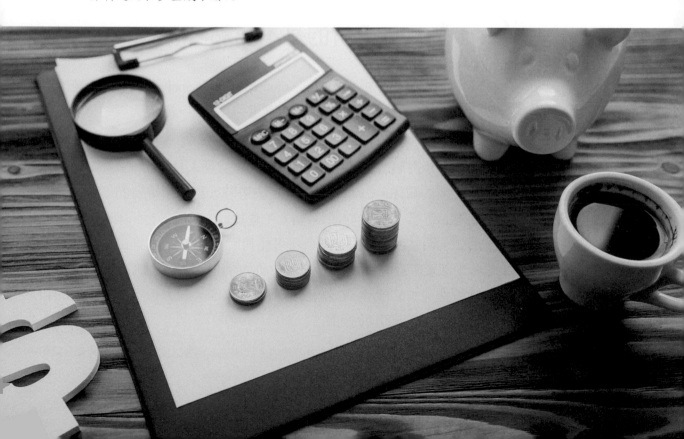

引言

　　佳年經營公司不久後，心中總是有點納悶，疑問為甚麼公司連續好幾個月的業績怎麼都不太理想，連在周日工作閒暇之餘到量販店採買，還掛念著公司的經營，而從財務報表上也發現瑞展公司營業利益明顯有偏低的現象，於是佳年望著窗外，邊喝著咖啡邊思考著，此時窗外的大型停車場車輛來來去去絡繹不絕，佳年心中想著這個停車場都快是瑞展公司生產廠房的大小，想必租金必然是一大筆開銷，為何賣場這種低毛利的行業可以承擔這麼大筆的租金而不虧損，再者，把賣場蓋更大不是更好嗎？為甚麼要提供這麼大的停車場呢？

　　突然腦海閃過一個想法，停車場、公司廠房都是龐大的固定成本，對公司經營是一大負擔，也會大幅降低營業利益，那如果擴充一條新的生產線來大幅增加銷售量，不就可以分攤掉大筆的固定成本費用、用以提升每單位的利潤；就如賣場的停車場可以吸引大批消費者增加銷售量去分攤固定成本有著異曲同工之妙，於是佳年頓時豁然開朗迫不及待拿起手機撥給公司財務部門的陳經理想跟他討論這個想法。

　　財務經理回道：「好的，聽來這些建議都跟成本、數量、售價有關係，給我一點時間，我明天可以在主管會議給你一些初步的報告，之後再會同其他部門主管一起討論。」

3-1 CVP 分析的基本要點

　　成本數量利潤分析（Cost － volume － profit analysis，CVP）是用於計算企業在固定成本結構下，為達成既定利潤目標，究竟需要銷售多少產品（或勞務）數量和產品組合。

　　CVP 分析為短期決策重要工具，可提供管理人員有關收入、成本及營業利益之間的關係。CVP 分析在制定決策時，為一項重要的工具，包括了產品線的選擇、產品的訂價策略、生產設備的購置、行銷策略的選擇等等。例如：瑞展工業股份有限公司可能利用 CVP 來決定推出新齒輪需要銷售多少數量才可達到損益兩平點[1]？亦可使用 CVP 來增加對新醫療器材生產線製造成本的瞭解。CVP 也可以提供管理人員分析不同方案下的利潤，以達到企業所預期的利潤。

1　損益兩平點 (breakeven point, BEP) 為總收入與總成本相等之點，此時沒有利潤亦沒有損失。相關介紹將在本章第二節說明。

一、基本假設

運用 CVP 分析時，將其所使用的資料設定在下列假設範圍內。

CVP 分析的基本假設：

1. 收入及成本只隨著生產與銷貨（或勞務）數量改變而改變。例如：瑞展公司的收入和成本僅隨著產銷的商品數量而改變。

2. 所有成本可以劃分為變動成本及固定成本。

3. 攸關範圍內，總收入與總成本與產出單位呈現直線型關係。

4. 攸關範圍內，單位售價、單位變動成本、固定成本為不變。

5. 銷貨組合維持不變。

6. 產銷一致的情況下，存貨維持不變。

在面對外界激烈的競爭下，佳年思考是否應擴展一條新的生產線，使瑞展公司創造更大的利潤。但公司內的股東覺得佳年新官上任三把火，若貿然的投資可能會使公司蒙受損失，在這兩相衝突之下，佳年請財務部陳經理提出在不同銷售數量下的利潤為何的報告書、分析新產品的**邊際貢獻**來說服股東，以利生產線投資方案的順利進行。

我們以下例來解說如何使用 CVP 分析：

釋 例

瑞展公司計畫擴展一條新的**醫療器材**生產線，若計畫實施則需租用一廠房年租金 $400,000，生產此新產品的單位變動成本 $240、每單位的售價 $400，假設已經沒有其他成本。瑞展公司的管理人員想瞭解在銷售不同單位下，商品的利潤為多少？

二、邊際貢獻

在表 3-1 中，該廠房的年租金為固定成本不隨著銷售單位數而改變；而變動成本會隨著銷售而改變。瑞展公司每銷售一套，就必須增加 $240 的成本，瑞展公司可使用 CVP 分析來說明出售不同單位數的產品對營業利益的影響：

表 3-1　不同銷售數量對營業利益的影響

	銷售 2,000 單位	銷售 2,500 單位	銷售 4,000 單位
總收入	$800,000	$1,000,000	$1,600,000
總變動成本	(480,000)	(600,000)	(960,000)
邊際貢獻	$320,000	$400,000	$640,000
總固定成本	(400,000)	(400,000)	(400,000)
營業利益	($80,000)	$0	$240,000

　　只有總收入和總變動成本會隨著銷售數量而改變，而總收入和總變成本之間的差額就稱為邊際貢獻（contribution margin）。在表 3-2 中，當瑞展公司銷售 2,000 單位時，邊際貢獻為 $320,000；而當瑞展公司銷售 4,000 單位時，邊際貢獻為 $640,000。

表 3-2　（單位）邊際貢獻

	總額	每單位
總收入（2,000 單位）	$800,000	$400
總變動成本	(480,000)	(240)
邊際貢獻	$320,000	$160
總固定成本	(400,000)	
營業利益	($80,000)	

邊際貢獻＝總收入－總變動成本

計算式如下：

$800,000－$480,000 = $320,000

三、每單位邊際貢獻

　　每單位邊際貢獻（contribution margin per unit）為每單位銷售價格和每單位變動成本的差額。

每單位邊際貢獻＝每單位售價－每單位變動成本

計算式如下：

$400－$240 = $160

邊際貢獻＝每單位邊際貢獻 × 銷售單位數

計算式如下：

$160 × 2,000 = $320,000

邊際貢獻是指總收入減總變動成本，尚可用於回收總固定成本的部分，當總固定成本回收後，邊際貢獻則為完全創造營業利益的增加。前例瑞展公司在銷售 2,500 單位時已回收總固定成本，在之後每銷售一單位營業利益則增加 $160（每單位邊際貢獻）。以銷售 4,000 單位來看，營業利益 $240,000 為回收總固定成本後，超過兩平點銷售量 2,500 單位計 1,500 單位所創造的利潤。

四、邊際貢獻百分比

除了上述以每單位的方式來表示邊際貢獻之外，尚可利用百分比的方式來表示。邊際貢獻百分比（contribution margin percentage）亦稱邊際貢獻率（contribution margin ration；C/M）是指每單位邊際貢獻除以售價。

邊際貢獻百分比＝每單位邊際貢獻 ÷ 售價

計算式如下：

$160 ÷ $400 = 40%

邊際貢獻百分比為每一元售價所創造的邊際貢獻，可用來回收固定成本及創造營業利益。計算式如下：

邊際貢獻＝總收入 × 邊際貢獻百分比

以前例瑞展公司銷售 2,000 單位為例，其邊際貢獻的計算是如下：

$800,000 × 40% = $320,000

3-2 損益兩平分析

佳年提出了新投資方案的報告之後，財務部陳經理和業務部的經理進行市場銷售量的預測報告，預測是否可達損益兩平點，以決定是否進行該投資方案？且繪製了圖表以解釋收入、成本、銷售量之間的關係，使佳年清楚的瞭解它們之間的增減變化。

一、損益兩平點分析

損益兩平點（breakeven point, BEP）為總收入與總成本相等之點，此即沒有利潤亦沒有損失。管理規劃的目標在於獲取利潤，因此管理人員對損益兩平點十分重視。管理人員可透過損益兩平點的計算避免營業損失，損益兩平點說明他們必須維持在某銷售水準下，才可達到損益兩平的銷售數量以避免損失的發生。損益兩平分析方式有二為：方程式法（Equation method）、邊際貢獻法（Contribution － margin method）。

（一）方程式法（Equation method）

總收入－變動成本－固定成本＝營業利益

假設營業利益為 0，故總收入＝變動成本＋固定成本

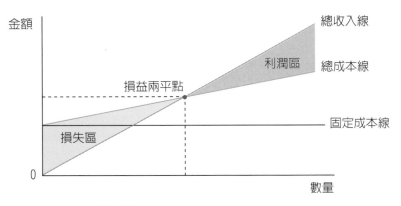

圖 3-1 損益兩平圖（方程式法）

（二）邊際貢獻法（Contribution － margin method）

〔(售價－每單位變動成本)〕× 銷售量－固定成本＝營業利益

(單位邊際貢獻 × 銷售量) －固定成本＝營業利益

假設營業利益為 0，則單位邊際貢獻 × 銷售量＝固定成本

損益兩平銷售量＝固定成本 ÷ 單位邊際貢獻

損益兩平銷售額＝固定成本 ÷ 邊際貢獻百分比

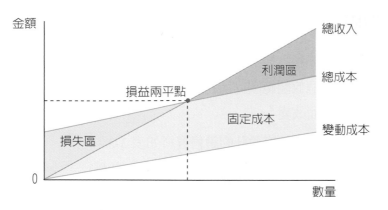

圖 3-2　損益兩平圖（邊際貢獻法）

以瑞展公司為例，求算損益兩平點

方程式法：

設營業利益為 0，設損益兩平銷售量為 X

> 總收入 = 變動成本 + 固定成本
>
> $400X = 240X + 400,000$
>
> $X = 2,500$（單位）

邊際貢獻法：

設營業利益為 0，設損益兩平銷售量為 X

> 單位邊際貢獻為 $400 - 240 = 160$
>
> $160X = 400,000$
>
> $X = 2,500$（單位）

若以損益兩平銷售額求算損益兩平點，注意還要除以售價。

> 邊際貢獻百分比 = 40%
>
> 損益兩平銷售額 = $\$400,000 \div 0.4$
>
> $\qquad\qquad = \$1,000,000$（銷售額）
>
> 損益兩平點 = $1,000,000 \div 400$
>
> $\qquad\quad = 2,500$（單位）[2]。

2　求算損益兩平點若以損益兩平銷售額，則需再除以售價，才可得出損益兩平的銷售量。

二、半固定成本

半固定成本亦稱階梯式固定成本，在不同攸關範圍內有不同金額的固定成本，但在一個攸關範圍內僅有一個固定成本金額，故損益兩平點便隨著攸關範圍改變而改變[3]。

假設瑞展公司明年度預計的銷售資料如表 3-3：

表 3-3 預計銷售資料

銷售量	固定成本	單位變動成本	單位售價
0－5,000 單位	$100,000	$25	$50
5,001－8,000 單位	$200,000	$25	$50
8,001－10,000 單位	$275,000	$25	$50

瑞展公司明年度預計的損益兩平點計算式如下：

1. 銷售量為 0－5,000 單位之損益兩平點
   = $100,000 ÷ ($50－$25) = 4,000 單位
2. 銷售量為 5,001－8,000 單位之損益兩平點
   = $200,000 ÷ ($50－$25) = 8,000 單位
3. 銷售量為 8,001－10,000 單位之損益兩平點
   = $275,000 ÷ ($50－$25) = 11,000 單位

上述的計算結果中，瑞展公司只有兩個損益兩平點在攸關範圍內，因銷售量 8,001－10,000 單位的損益兩平點超出攸關範圍內。

三、價格與需求之關係

前述之損益兩平點，假設單位價格與需求彼此互為獨立，亦是當單位價格變動時並不影響需求。但實際情況並非如此，單位價格與需求呈反向變動的關係，若單位價格增加則需求減少，反之亦然。以瑞展公司為例說明在此情況下，損益兩平點應如何決定？

假設瑞展公司之單位價格（P）與需求量（Q）呈反向關係：

$Q = 100 - P$

瑞展公司預計總成本（C）與需求量（Q）間之關係：

$C = 175 + 60Q$

---

3 在同一個攸關範圍內，僅有一個損益兩平點。

預計之損益兩平點及單位價格計算式如下：

預計總收入 = P × Q =（100 − Q）× Q = 100Q − Q²

預計總成本 = C = 175 + 60Q

令預計總收入 = 預計總成本

100Q − Q² = 175 + 60Q

Q² − 40Q + 175 = 0

可得 (Q − 35)(Q − 5) = 0

故 Q = 5 單位或者 35 單位

再將 Q 代入 P = 100 − Q

可得 P = \$95 或者 \$65

若瑞展公司之單位售價為 \$95，則損益兩平點為 5 單位；單位售價為 \$65，則損益兩平點為 35 單位。

成會焦點

重整後損益兩平點之調整

圖片來源：台灣高鐵公司網站

　　台灣高鐵全線縱貫臺灣人口最密集的西部地區，是臺灣史上第一個也是金額最高的 BOT 案，從興建營運到現今的過程中經過幾番波折，其中以近年所面臨的破產危機最為嚴重，當時高鐵損失連連，每年須面臨將近一百九十億的折舊費用，以及每年高達 4% 的融資利率。最後在政府出手才通過 3,820 億新聯貸案，以新補舊的方式以及經營團隊換血改以政府主導，最後台灣高鐵為了轉虧為盈與銀行團協商新的低融資利率，且在需求成長的情況下，預計只要未來高鐵每日旅次達到 14.5 萬人次，就可以達到損益兩平，並通過縮減人事成本如高層薪資減半及以更嚴格的成本控管制度等等作為來度過破產危機。

四、現金流量兩平分析

企業之管理人員通常關心銷售量對現金、營運資金之影響，需要多少的銷售量才可提供營運所需的現金支出，例如，固定成本中有多少是需以現金支付的金額，因固定成本中通常含有非付現之項目，例如，廠房的折舊費用，當我們在計算現金流量兩平分析時，則需將此非付現的項目在固定成本中減除。

以瑞展公司為例，來說明現金流量兩平分析。假設瑞展公司銷售某產品，邊際貢獻為 $160，固定成本為 $400,000，其中 $80,000 為非付現之折舊費用，則瑞展公司應銷售多少單位才可達到現金流量兩平點？

$$現金流量兩平點 = 付現固定成本 \div 單位邊際貢獻$$

$$= \frac{(\$400,000 - \$80,000)}{\$160} = 2000(\,單位\,)$$

3-3 利量圖（PV graph）

CVP 分析，通常以收入線、成本線來說明 CVP 之間的關係，但在利量圖中以利潤線和產銷量來強調銷售量變動對利潤所造成的影響。利潤線的斜率為利量率，亦即邊際貢獻率。利潤線上每一點代表在不同銷售水準下的營業損益，管理人員可清楚的瞭解銷售量對利潤之影響。但利量圖忽略了成本銷售量變動對成本的影響，故管理人員可依本身的需求而選擇分析圖形，若重點著重於成本、收入之間的關係即採用 CVP 分析圖；若重點著重於利潤、收入之間的關係即採用利量圖[4]。

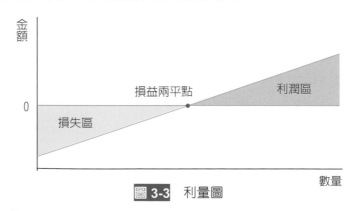

圖 3-3 利量圖

---

4 利量圖和 CVP 分析圖的橫軸皆為產銷量，利量圖的縱軸為利潤、CVP 分析圖的縱軸為收入、成本的金額。

3-4 目標營業利益分析

　　股東在看完報告後同意新生產線的投資方案，但要求陳經理更精確的算出目標營業利益的分析表，若要達到預期的利潤到底要銷售多少數量（多少銷售金額）呢？

一、稅前目標營業利益分析

　　前述損益兩平分析，並非管理人員所追求的利潤目標。以瑞展公司為例，管理人員所關心的是若要達成營業利益 $240,000，則需銷售多少單位的產品？

　　預計銷售量＝（固定成本＋目標營業利益）÷ 單位邊際貢獻

　　計算式如下：

　　　　設預計銷售量為 X

　　　　$X = (400,000 + 240,000) \div 160 = 4,000$（單位）

　　預計銷售額＝（固定成本＋目標營業利益）÷ 單位貢獻百分比

　　計算式如下：

　　　　設預計銷售額為 Y

　　　　$Y = (400,000 + 240,000) \div 0.4 = 1,600,000$（元）

　　我們可知為了達成營業利益 $240,000 所需要的銷售金額為 $1,600,000，觀念如下：1. 必須創造 $640,000 的邊際貢獻（總固定成本 $400,000 加上營業利 $240,000）；2. 每一元的銷售金額創造 40% 的邊際貢獻（總收 $1,600,000 × 40% = $640,000）。

二、稅後目標營業利益分析

　　到目前為止，我們都沒有將稅率的影響考慮進 CVP 分析中。經理人員所追求的利潤目標為減除所得稅之後的淨利，在求算淨利時以目標淨利取代目標營業利益。以前例來說，假設稅率為 25%，瑞展公司若想達到目標淨利為 $240,000，則需要銷售多少單位的產品？

　　預計銷售量＝【固定成本＋稅前利潤】÷ 單位邊際貢獻

　　　　　　　＝【固定成本＋$\dfrac{\text{目標利潤}}{(1 - \text{稅率})}$】÷ 單位邊際貢獻

$$= 【固定成本 + \frac{目標利潤}{(1-稅率)}】 ÷ 單位邊際貢獻$$

計算式如下：

設預計銷售量為 X

$$X = (400,000 + \frac{240,000}{(1-25\%)}) ÷ 160 = 4,500（單位）$$

$$預計銷售額 = (固定成本 + \frac{目標淨利}{(1-稅率)}) - 邊際貢獻百分比$$

計算式如下：

設預計銷售額為 Y

$$Y = (400,000 + \frac{240,000}{(1-25\%)}) ÷ 0.4 = 1,800,000（元）$$

不論是在目標營業利益或是目標淨利，損益兩平點都不會因為稅率的出現而有所影響。因為當企業在損益兩平點時表示總收入等於總成本，營業利益為零，故稅率則不需列為考慮的因素。

3-5 安全邊際

陳經理是個保守穩健的會計人，繼上節所提出的目標營業利益分析表，進一步的沙盤推演若競爭廠商推出和瑞展公司相同的產品或新產品，則在損益兩平點前可容許減少的範圍為多少？

安全邊際（margin of safety）亦稱安全餘額，為預計銷貨收入（銷售量）超過損益兩平銷貨收入（損益兩平銷售）的部分。當企業從預計銷貨收入下降，到損益兩平點之前，可以允許下降的銷貨收入為何？造成銷貨收入減少的原因可能是競爭者推出新產品，或是企業本身產品品質不佳等因素。假設瑞展公司之固定成本 $400,000，單位售價 $400，單位變動成本 $240，若出售 4,000 單位，則預計銷售額是 $1,600,000，預計營業利益是 $240,000。我們可以計算安全邊際：

安全邊際（元）= 預計銷貨收入 - 損益兩平收入

$$= \$1,600,000 - \$1,000,000 = \$600,000（元）$$

安全邊際（單位）= 預計銷售量 - 損益兩平銷售量

$$= 4,000 - 2,500 = 1,500（單位）$$

安全邊際亦可以用百分比表達，則稱為安全邊際率（margin of safety ration; M/S）亦稱為安全餘額百分比。

安全邊際率 =（預計銷售收入－損益兩平收入）÷ 預計銷貨收入

安全邊際率 = 安全邊際（元）÷ 預計銷貨收入

在我們的例子中，安全邊際率 = $\$600,000 \div 1,600,000 = 37.5\%$

安全邊際率為 37.5%，表示在損益兩平前，銷貨收入可以下降 37.5%，企業仍不會產生損失，亦即目前的銷貨收入減少 $600,000 或 37.5%，則企業達損益兩平。

安全邊際和利潤直接相關，我們使用前述的例題，若邊際貢獻百分比為 40%，安全邊際率為 37.5% 則：

營業淨利率（profit ration）= 邊際貢獻百分比 × 安全邊際率

$$= 40\% \times 37.5\%$$
$$= 15\%$$

上例計算表示在安全邊際（元）中，屬於邊際貢獻百分比的部分可創造營業淨利率（超過損益兩平之部份全部可增加營業淨利），在預計銷貨收入下，其中即有 15%（37.5% 之 40%）為營業淨利率。

營業淨利 = 安全邊際（元）× 邊際貢獻百分比

$$= \$600,000 \times 40\%$$
$$= \$240,000$$

營業淨利 = 預計銷貨收入 × 營業淨利率

$$= \$1,600,000 \times 15\%$$
$$= \$240,000$$

3-6 成本結構與 CVP 分析

瑞展公司最近籌備一個商展，張總經理思考到底商展的場地是要用何種付款方式？是一次付固定租金呢？還是給提供場地的主辦單位抽每一單位利潤的 10% 呢？這些付款方式是否跟銷售數量有關係呢？若是銷售量表現亮眼，那麼每單位讓主辦單位抽 10% 的利潤鐵定不划算；若是銷售量慘淡，那麼付固定租金可能連損益兩平點都沒法達到，張總經理到底該做何種決定呢？

一、成本結構與營業利益

成本結構為企業營運成本中所涵蓋的固定成本和變動成本的比例。管理人員有權力選擇不同比例的成本結構，此為管理人員制定決策所考慮的因素。

表 3-4 瑞展公司中科廠與大里廠成本結構的損益表

	中科廠	%	大甲廠	%
總收入	$8,000,000	100%	$8,000,000	100%
總變動成本	(4,800,000)	(60%)	(2,400,000)	(30%)
邊際貢獻	$3,200,000	40%	$5,600,000	70%
總固定成本	(2,400,000)	(30%)	(4,800,000)	(60%)
營業利益	$800,000	10%	$800,000	10%

中科廠有高變動成本與低固定成本，大里廠則有低變動成本與高固定成本。(1) 中科廠具有較低邊際貢獻百分比，若未來的銷貨額是減少的趨勢，則營業利益下降的速度較慢；(2) 大里廠具有較高邊際貢獻百分比，若未來的銷售額是增加的趨勢，則營業利益累積較快。若管理人員為風險趨避者，則會選擇中科廠，在銷售量較差時較不會立刻遭受損失。

表 3-5 銷售額呈現減少的趨勢（減少 10%）

	中科廠	%	大里廠	%
總收入	$7,200,000	100%	$7,200,000	100%
總變動成本	(4,320,000)	(60%)	(2,160,000)	(30%)
邊際貢獻	$2,880,000)	40%	$5,040,000	70%
總固定成本	(2,400,000)	(33%)	(4,800,000)	(67%)
營業利益	$480,000	7%	$240,000	3%

表 3-6 銷售額呈現增加的趨勢（增加 10%）

	中科廠	%	大里廠	%
總收入	$8,800,000	100%	$8,800,000	100%
總變動成本	(5,280,000)	(60%)	(2,640,000)	(30%)
邊際貢獻	$3,520,000	40%	$6,160,000	70%
總固定成本	(2,400,000)	(27%)	(4,800,000)	(55%)
營業利益	$1,120,000	13%	$1,360,000	15%

二、營業槓桿（operating leverage）

　　營業槓桿為一彙總性指標，當企業銷售單位變動引起營業利益和邊際貢獻變動，固定成本所造成的影響，亦即企業中固定成本的運用程度。以前例說明，大里廠具有高固定成本、低變動成本，則營業槓桿作用大，當銷貨只是小幅度的增加，會引起營業利益有大幅度的增加；反之，當銷貨只是小幅度的下降，則會引起營業利益有大幅度的下降。

　　在某特定的銷售狀況下，營業槓桿係數（Degree of Operating Leverage；DOL）為銷售變動對營業利益所造成的影響。

$$營運損桿係數（DOL）＝邊際貢獻 \div 營業利益$$
$$＝（營業利益＋固定成本）\div 營業利益$$

　　由上述的公式可知固定成本為營業槓桿係數的決定因素，若沒有固定成本則營業槓桿係數為 1，即沒有槓桿作用。營業槓桿係數會因固定成本的增加而上升，在損益兩平時，營業槓桿係數無限大，當銷售量超過損益兩平點時，營業槓桿係數會隨著銷售量之增加而呈遞減。營業槓桿係數需設定在某特定的銷售狀況下，因不同的銷售狀況會有不同的營業槓桿係數。以前例當銷售額為 \$8,000,000 的狀況下，營業槓桿係數為：

中科廠：$DOL = 3,200,000 \div 800,000 = 4$
大里廠：$DOL = 5,600,000 \div 800,000 = 7$

成會焦點

營業槓桿公司之經營實務

　　營業槓桿可使管理人員瞭解在某一特定銷售水準下，成本結構對營業利益所造成之影響。例如：大眾運輸業中的大眾捷運系統及航空業者、台灣高鐵等，其固定成本的支出占成本結構的比例非常高，因此都屬於高營業槓桿的公司。我們從課文中可瞭解營業收入的增減變化對於高營業槓桿公司的

圖片來源：台灣醒報

營業利益影響很大，所以高營業槓桿公司皆不斷提出各類促銷方案，以提高營業收入。例如：桃園機場捷運線提出降價、台灣高鐵在平日時段的自由座促銷方案，或是台灣高鐵與中華航空公司聯合促銷方案，皆是為了增加營業收入，進而增加營業利益。

3-7 銷售組合與 CVP 分析

業務部門剛出爐的市場分析報告，有兩項產品是熱門商品，但其邊際貢獻相差頗大，若在總銷售組合上佔大多數的是邊際貢獻較高的商品，將創造更高的營業利潤，張總經理認為公司應該提高邊際貢獻較高的商品的行銷費以創造更佳的銷售組合。

銷售組合（sales mix）為企業之總銷售量中，各產品（勞務）的相對數量組成。企業大都產銷多種商品，這些產品的單位邊際貢獻不同，故企業利潤的高低決定於銷售組合。

一、銷售組合與損益兩平分析

假設瑞展公司新的齒輪，計畫生產二種產品相關資料如下：

A 產品：單位售價 $400、每單位變動成本 $240、每單位邊際貢獻 $160。

B 產品：單位售價 $200、每單位變動成本 $140、每單位邊際貢獻 $60。

表 3-7 新產品之相關資料

	A 產品	B 產品	合計
銷售單位	120	80	200
銷貨收入	$48,000	$16,000	$64,000
變動成本	(28,800)	(11,200)	(40,000)
邊際貢獻	$19,200	$4,800	$24,000
固定成本			(9,000)
營業利益			$15,000

我們要如何計算損益兩平點呢？與單一產品（或勞務）不同，我們需要計算加權平均單位邊際貢獻，以上例而言，每出售三單位的 A 產品就出售二單位的 B 產品，我們根據預計銷售組合計算出加權平均單位邊際貢獻：

加權平均單位邊際貢獻＝〔（A 產品的單位邊際貢獻 × A 產品的銷售單位）＋（B 產品的單位邊際貢獻 × B 產品的銷售單位）〕÷（A 產品之銷售單位＋B 產品之銷售單位）

＝〔(160 × 120) + (60 × 80)〕÷ (120 + 80)

＝ 120（元）

損益兩平銷售量＝固定成本 ÷ 加權平均單位邊際貢獻

＝ 9,000 ÷ 120

＝ 75（單位）

瑞展公司的 A 產品與 B 產品的相對數量為 120：80(3：2)，故損益兩平點為 A 產品銷售 45 單位、B 產品銷售 30 單位。在預計銷售組合下，A 產品邊際貢獻為 $7,200、B 產品邊際貢獻為 $1,800，兩者相加等於固定成本 $9,000，達損益兩平。

加權平均邊際貢獻百分比＝總邊際貢獻 ÷ 銷貨收入

＝ 24,000 ÷ 64,000

＝ 37.5%

損益兩平銷售額＝固定成本 ÷ 加權平均邊際貢獻百分比

＝ 9,000 ÷ 37.5%

＝ $24,000。

表 3-8 不同銷售組合下的變動表

	A 產品	B 產品	合計
銷售單位	60	140	200
銷貨收入	$24,000	$28,000	$52,000
變動成本	(14,400)	(19,600)	(34,000)
邊際貢獻	$9,600	$8,400	$18,000
固定成本			(9,000)
營業利益			$9,000

表 3-8 顯示，雖然銷售數量仍然為 200 單位，但銷售組合已改變為 3：7，加權平均單位邊際貢獻為 $90，由原本的 $120 下降至 $90，損益兩平點亦由 75 單位上升至 100 單位。由於加權平均單位邊際貢獻降低，故損益兩平點必須向上調整，才可回收固定成本。銷售組合的改變會有多種組合，皆可達成損益兩平點。

3-8 CVP 分析運用在多重成本動因

一、多重成本動因

CVP 分析，我們假設產銷數量為影響成本、收入動因，在本節我們將解除這個假設，介紹在多重成本動因下，CVP 分析的運用方式。

再以瑞展公司為例，假設瑞展公司銷售每批產品需支付 $200 的文件處理費用。對文件處理費用而言，購買瑞展公司產品的每間廠商為成本動因。

營業利益＝總收入－（每單位變動成本 × 銷售量）－（每間廠商文件處理費用 × 廠商家數）－固定成本

假設瑞展公司銷售 4,000 單位、售價 $400、單位變動成本 $240、固定成本 $400,000，銷售給 5 間廠商，計算如下：

$1,600,000 － ($240 × 4,000) － ($200 × 5) － $400,000=$239,000

此時，營業利益不再只隨著產銷數量而變化，還會受到文件處理成本的影響，因此瑞展公司的成本由上述兩個成本動因所構成。

二、CVP 後續相關分析

管理人員在選擇策略與執行策略之前，通常會對售價、銷售數量、變動成本、固定成本等因素對決策所造成的影響進行評估。若銷售數量較原先預測減少 10%，則營業利益為何？若固定成本增加 10%，則需要多銷售多少數量，才可達損益兩平？管理人員可知在既定的銷售額、售價、單位變動成本、固定成本即可達到預計的營業利益，若上述的假設變動，為了創造相同的營業利益，銷售額數量則會產生變動。

有關於 CVP 後續的相關分析議題，包括固定成本、變動成本、售價與銷售量等因素的改變對營業利益的影響，請讀者參閱本書「第 15 章決策制定與攸關資訊」章節，會有詳細說明與介紹。

問題討論

邊際貢獻案例

甄正鎂小姐剛從會計研究所畢業，以優異的筆試成績進入了瑞展工業股份有限公司的財務部門。瑞展工業股份有限公司目前生產兩項產品，且產能尚未達到飽和，財務部門的主管正在考慮到底該生產何種產品才可達到公司利益最大化。財務主管要求甄正鎂小姐編製產品的利潤分析表，幫助決策的執行。

	A 產品	B 產品
銷售價格	$120	$140
變動成本		
直接材料	(10)	(14)
直接人工	(41)	(42)
銷售佣金	(8)	(12)
邊際貢獻	$61	$72
固定成本		
廠房折舊	(38)	(44)
本期淨利	$23	$28

甄正鎂小姐：「根據產品的利潤分析表，我們應該將剩餘的產能用來生產 B 產品，可以達到公司利潤最大化。」

財務主管：「我不確定目前這份產品利潤分析表對公司是否最有利，若是生產不同的銷售組合，則利潤為何？可以擬一份更詳細的報告嗎？

問題：

甄正鎂小姐所編製的產品利潤分析是否提供了正確的資訊？該將公司剩餘的產能全部都用來生產 B 產品嗎？

討論：

公司在制定決策時，應考慮是否在目前經濟規模下，不須再投入資本資出。以本案例而言，公司尚未達飽和產能，固定成本就是一項無差異成本，可不列入考量，若列入考量可能會造成錯誤的判斷，使公司無法制定最佳決策。

本章回顧

　　成本數量利潤分析是用於計算企業在固定成本結構下，為達成既定利潤目標，究竟需要銷售多少產品數量和產品組合。邊際貢獻為總收入和總變動成本之間的差額；每單位邊際貢獻為每單位銷售價格和每單位變動成本的差額；邊際貢獻百分比為每單位邊際貢獻除以售價。

　　損益兩平點為總收入與總成本相等之點，此即沒有利潤亦沒有損失。本章介紹二種損益兩平分析法，1. 方程式法；2. 邊際貢獻法。管理階層所追求的利潤目標為減除所得稅之後的淨利，即於成本數量利潤分析時，分子加上目標利潤再予以調整所得稅率。

　　安全邊際為預計銷貨收入超過損益兩平銷貨收入的部分，亦若企業預計銷貨收入開始下降，到達損益兩平點時，可以允許下降的銷貨收入是多少。成本數量利潤分析因素中若變動成本、固定成本、售價、銷售量等資料的改變，則對獲利能力影響之變動，稱為成本數量利潤的相關分析。

　　成本結構為企業營運成本，固定成本和變動成本的比例，營業槓桿為固定成本的運用程度；營業槓桿係數為銷貨變動對營業利益所造成的影響。銷售組合為企業之總銷售量中，各產品的相對數量組成，企業銷售多種商品，這些產品的單位邊際貢獻不同，故企業利潤的高低決定於銷售組合。

本章習題

一、選擇題

(　　) 1. 甲公司在 X8 年度以每箱 $120 之價格銷售急救箱給醫院。在 80,000 箱的數量下，甲公司固定成本為 $1,000,000，稅前利益 $200,000。因為法令改變，X9 年度的固定成本較 X8 年度增加了 $1,200,000。若數量與其他成本因素不變，試問 X9 年度售價應訂為多少，才能維持相同的稅前利益 $200,000？
(A) $120　(B) $135　(C) $150　(D) $240。　　　　　　（105 地特 3 等）

(　　) 2. 甲產品的損益兩平點為 500 單位，邊際貢獻率為 40%，假設其他情形不變，甲產品在下列那一個銷量下的營業槓桿最大？
(A) 401 單位　(B) 501 單位　(C) 601 單位　(D) 無法判別。　（105 地特 3 等）

(　　) 3. 遠見公司在 X1 年共銷售 12,000 單位的產品，每單位平均售價 $20、直接材料 $4、直接人工 $1.6、變動製造費用 $0.4、變動銷售成本 $2，每年的固定成本有 $12,000 與銷售活動相關，有 $84,000 與銷售活動無關。預計公司在 X2 年直接材料成本與直接人工成本變化後，營運槓桿為 5。假設其他情況不變，則該公司的邊際貢獻將較 X1 年增加或減少多少？
(A) 增加 $24,000　　　　　　　(B) 增加 $14,000
(C) 減少 $14,000　　　　　　　(D) 減少 $24,000。　　　（105 會計師）

(　　) 4. 甲公司決定新增固定成本以取代部分變動成本，若使得邊際貢獻率從 10% 增加至 20%，固定成本增加 10%，則此決策後之損益兩平點銷貨收入變化為何？
(A) 與決策前損益兩平點銷貨收入一樣
(B) 較決策前損益兩平點銷貨收入減少 40.91%
(C) 較決策前損益兩平點銷貨收入減少 45%
(D) 較決策前損益兩平點銷貨收入減少 81.82%。　　　（105 高考）

(　　) 5. 下列那一個公式可計算出全部成本法之損益兩平點銷貨量？
(A) 損益兩平點銷貨量 = 總固定成本 / 單位邊際貢獻
(B) 損益兩平點銷貨量 = (總固定成本 + 固定製造費用分攤率 × (期初存貨 − 期末存貨)) / 單位邊際貢獻

(C) 損益兩平點銷貨量 = (總固定成本 + 固定製造費用分攤率 × (損益兩平點銷貨量 生產數量)) / 單位邊際貢獻

(D) 損益兩平點銷貨量 = (總固定成本 + 固定製造費用分攤率 × (生產數量 實際銷貨量)) / 單位邊際貢獻。　　　　　　　　　　　　　（104 高考）

(　　) 6. 甲產品本期銷量為 5,000 單位，淨利 $12,000，營業槓桿為 4，預期下期銷量增加 20%，若其他情況不變，下列敘述何者正確？

(A) 下期固定成本總額 $48,000　　　　　(B) 預期下期淨利 $14,400

(C) 預期下期淨利增加 $9,600　　　　　(D) 預期下期營業槓桿大於 3。

（104 高考）

(　　) 7. 在進行成本－數量－利潤（CVP）分析時，符合下列那一種情況，損益兩平點將會下降？

(A) 單位變動成本增加　　　(B) 總固定成本減少

(C) 單位邊際貢獻下降　　　(D) 單位售價降低。　　　　（103 地特 3 等）

(　　) 8. 甲公司欲推出一件新產品，根據行銷部門的研究報告，市場可接受之單位售價為 $100，預計每年可銷售 50,000 單位。製造該產品每年之固定成本為 $1,000,000，在此條件下，公司目標利潤率為銷貨收入之 25%。請問若該產品實際產銷數量達預期值之 110%，則公司之利潤率大約為多少？（計算值請四捨五入至小數點後第三位）

(A) 25.0%　(B) 26.8%　(C) 27.5%　(D) 27.8%。　　　　（103 高考）

(　　) 9. 下列有關營業槓桿之描述何者錯誤？

(A) 衡量組織在其成本結構中使用固定成本的程度

(B) 可用以衡量企業銷貨收入提高時，淨利提高的能力

(C) 營業槓桿係數為安全邊際率之倒數

(D) 營業槓桿係數 = 淨利 ÷ 邊際貢獻。　　　　　　　　（103 高考）

(　　) 10. 設甲公司之安全邊際為 $24,000。若公司銷貨收入為 $120,000，變動成本為 $80,000，試問其固定成本為何？

(A) $8,000　(B) $16,000　(C) $24,000　(D) $32,000。　　　　（100 地特 3 等）

二、計算題

1. 丁公司生產 A、B 兩種商品。A 產品之單位邊際貢獻為 $16，B 產品之單位邊際貢獻為 $10。丁公司之總固定成本為 $840,000。A、B 兩種產品的銷售比例為 2：1。

試作：

(1) 計算丁公司損益兩平之數量。

(2) 假設稅率為 30%，且丁公司之稅後目標利潤為 $73,500，計算達到此目標之商品組合。 (107 高考三級)

2. 甲公司 t 月份之營運成果相關資料如下：

銷貨收入	$650,000
變動銷貨成本	200,000
固定銷貨成本	100,000
變動銷貨費用	50,000
固定銷貨費用	150,000

試作：編製甲公司 t 月份之貢獻式損益表。 （104 退役軍人轉任考試四等）

3. 甲公司生產並銷售豪華型及標準型兩種產品。X1 年銷貨收入為 $1,500,000，銷貨成本及費用為 $1,324,000，稅前淨利為 $176,000，適用 25% 的所得稅稅率。豪華型及標準型的單位售價分別為 $200 及 $100；單位變動成本分別為 $160 及 $40。X1 年度豪華型及標準型的銷售組合為 1：3。

試求：

(1) 計算 X1 年損益兩平點時，豪華型及標準型的銷售數量。

(2) 計算 X1 年的安全邊際率。

(3) 計算當營運目標為稅後淨利 $82,500 時的損益兩平銷貨金額。

（102 身心障礙人員特考三等）

4. 幸福旅行社專門經營外國旅客到大臺北地區旅遊，最近推出「臺北幸福一夏」團體 5 日套裝旅遊行程，每位顧客售價為 $25,000；每位旅客之變動成本如下：

機票	$10,400
旅館住宿	6,100
餐點	3,000
地面交通	1,200
園區門票與其他成本	800
合計	$21,500

旅行社全年之固定成本為 $805,000。所得稅忽略不計。

試作：

(1) 計算為達損益兩平所需銷售之套裝旅遊數量為何？計算為賺得目標淨利 $94,500 所需之銷售收入為何？

(2) 若固定成本增加 $46,000，為求達到原來損益兩平數量，每位顧客之變動成本應降為多少？　　　　　　　　　　　　　　　　　　　（107 原住民四等）

5. 王信義是一位相當有實力的新歌手，忠孝公司正打算為其發行新錄製的 MV(Music Video)，銷售方式是在網路平台中供消費者下載，忠孝公司預期該 MV 會十分暢銷。該 MV 製作與行銷固定成本預計為 $234,400，每 MV 被下載的變動製作與行銷成本為 $30，這些成本並不包含對王信義之支付。王信義希望的支付條件，除一次性簽約金 $2,000,000 外，另再加計每 MV 淨售價之 15% 作為權利金。所謂淨售價係指在網路平台中，每次下載訂價 $100 扣除支付給網路平台通路商之利潤，而預期網路平台商正常利潤為訂價之 20%。假設所得稅率 20%。

試求：

(1) 邊際貢獻率。

(2) MV 達到損益兩平點之下載次數為何？

(3) MV 賺取稅後 $1,200,000 目標營業利益之銷售金額為何？　　（106 地方特考四等）

6. 大正公司總經理提供公司資料如下：

銷貨收入		$500,000
直接材料	$60,000	
直接人工	90,000	
製造費用	100,000	250,000
銷貨毛利		$250,000
行銷費用	$70,000	
管理費用	100,000	170,000
淨利		$80,000

50% 的製造費用為固定成本，40% 的行銷費用及全部管理費用為固定成本。

試作：

(1) 大正公司的邊際貢獻率為何？

(2) 大正公司損益兩平銷貨金額為何？

(3) 假設大正公司考慮投資一些設備，新設備將不影響總成本與銷貨水準，但固定製造費用從原來 50% 增加到 75%。請問新的損益兩平銷貨金額為何？

（105 地方特考四等）

7. 馬可公司出售兩項產品分別是甲與乙，相關資料如下：

	甲	乙	總計
售價	$25	$45	
每單位變動成本	20	35	
總固定成本			$350,000

馬可公司每出售 3 單位的甲，就會出售 2 單位的乙，馬可公司的所得稅率為 25%。

試計算：

(1) 馬可公司損益兩平點的甲與乙之銷售數量與銷售金額分別是多少？

(2) 馬可公司的目標稅後利潤是 $210,000，則其甲與乙的目標銷售數量是多少？

（106 地方特考三等）

8. 東方公司預計於 X1 年生產並銷售產品 40,000 件，單位價格 $24，所得稅率為 20%，
其他相關之成本預算資料如下：

直接原料	$200,000
直接人工	200,000
變動製造費用	160,000
變動銷管費用	80 000
固定製造費用	100,000
固定銷管費用	80,000

為因應市場需求之轉變，東方公司擬自 X2 年起在產銷等方面進行調整，包括：每件
產品價格調漲 $1，銷售佣金每件提高 $0.5，廣告支出增加 $15,000；每件產品之原料
成本可望降低 $0.7，直接人工之工資率調高 10%，因調整生產程序而增加固定製造費
用 $40,000，但每單位產品所負擔之變動製造費用可降低 $1.3。

試作：

(1) 計算 X1 年損益兩平點之銷售量、X1 年之安全邊際。

(2) 若東方公司設定 X2 年之獲利目標為淨利率 12%（本期淨利占銷貨收入比例），則
X2 年之最低營業額應為多少才能達成目標？ （105 地方特考三等）

9. 輝煌公司正計畫引進一新產品，其售價為 $200，單位變動成本為 $140，而預期第一
年產品需求為 10,000 單位。由於目前營業部門人力有限，為銷售新產品該公司需另外
僱用一名業務人員，並考慮下列兩種獎酬計畫：A 計畫為年薪 $60,000 另加銷貨總額
12% 的佣金；B 計畫為年薪 $200,000 而無任何佣金。試作：

(1) 在銷售 10,000 單位下，分別計算兩種獎酬計畫所產生的新產品相關之邊際貢獻與
營業損益。

(2) 在銷售 10,000 單位下，分別計算兩種獎酬計畫的營運槓桿因子。

(3) 假設第二年銷售量降為 8,000 單位，請使用營運槓桿因子，分別計算在兩種獎酬計
畫下，營業損益下降的百分比。 （102 關務特考三等）

10.冠軍連鎖商店每種商品的成本及售價都相同，每家商店有一位支領固定薪資的經理，而每位銷售員的薪資則是固定底薪加計銷售佣金。總店負責人正在考慮改變目前銷售員以固定底薪加計銷售佣金的付薪方法（稱為 A 方案），有意取消銷售員的銷售佣金，但增加原來固定底薪 $114,000（稱為 B 方案）。每一分店成本都相同，預計之收入與成本如下：

每件商品的單位變動資料：

商品售價	$50
商品成本	$23
銷售佣金 6%	$3

每年固定成本：

租　金	$80,000
薪　資	320,000
廣告費	70,000
其他固定成本	10,000
固定成本共計	$480,000

試作：

(1) 以銷售量及銷售金額計算 A 方案的損益兩平點。

(2) 以銷售量及銷售金額計算 B 方案的損益兩平點。

(3) 假設每一分店的利潤目標為稅前營業利益 $420,000，則在 A、B 方案下各需銷售多少單位的產品？

假設本年度採購 40,000 單位的產品，其中 32,000 單位按正常售價出售，其餘單位則以每單位 $40 降價出售，銷售員仍可獲得銷貨收入 6% 的佣金，試問其總利潤為何？

（106 地方特考四等）

分批成本制

學習目標　讀完這一章，你應該能瞭解

1. 分批成本、分步成本及作業成本三種成本制度基本概念。
2. 分批成本運用於製造業的會計流程及處理。
3. 製造費用分攤方式。
4. 製造費用分攤及製造成本計算。
5. 製造費用分攤之差異調整。

引言

　　自從張總接任瑞展公司總經理一職後，由於時代日新月異，互聯網、大數據、人工智慧及雲端應用等新科技應用不斷蓬勃發展，工業 4.0 的出現對瑞展公司這種發展多年的傳統產業形成不小的衝擊與發展阻力，種種內外在環境的急遽變遷使得張總深感戒慎惶恐，為求早日上手，在父親的協助與引見下，得以與業界先進及父親眾多社團朋友請益，在多次諮詢及請教過程中，張總深覺任何企業為求能長久生存，除必須有獨到之技術外，管理亦是一項重要的關鍵，特別是成本的管控更是企業立於不敗之重要基石，有鑑於此，成本制度與架構成為張總首先急欲探索瞭解之處。

4-1 成本制度之介紹

　　為瞭解公司成本制度，張總首先請教公司財務部范經理，具有多年會計背景的范經理具有一絲不苟、條理分明之特質，針對張總的疑問，范經理首先說明由於產品成本牽涉到各項財務及商業活動之進行，對財務報表之建構以致管理決策之訂定有重大之影響，因此企業間常依據產業特性及生產過程之不同而採取不同之成本制度類型，其中最常採用之成本制度有三種：分批成本制、分步成本制及混合成本制：

1. 分批成本制（job-order costing）：亦可稱為訂單成本制度，係以生產批次或顧客訂單為依據，按各批次個別計算、紀錄及彙整總成本處理之一種會計制度。這種制度假定依據客戶需求或因產品多樣化，以致不同生產批次之產品具差異性，所需投入之成本及費用均不相同，故將各自耗用的生產成本直接記入各批次內，圖 4-1 說明於分批成本制下成本累積之概念。通常分批成本制適用於依據顧客所指定特殊規格來生產產品的企業，例如：印刷業、家具業、汽車維修業及運輸工具製造業等。

2. 分步成本制（process costing）：亦可稱為大量生產成本制度，係指成本計算採流程順序或部門別累計及計算產品成本之成本會計制度，本制度多運用於連續性生產、大量生產標準化產品之紡織業、水泥業、飲料業、大宗原物料及石化業等，因這些產業所生產之各種產品性質

專有名詞

分批成本制（job-order costing）

可稱為訂單成本制度，係以生產批次或顧客訂單為依據，按各批次個別計算、紀錄及彙整總成本處理之一種會計制度。通常分批成本制適用於依據顧客所指定特殊規格來生產產品的企業。

專有名詞

分步成本制（process costing）

亦可稱為大量生產成本制度，係指成本計算採流程順序或部門別累計及計算產品成本之成本會計制度。

完全相同或類似，因此所耗用之成本及費用亦相近，因此成本計算係依部門別或生產段別累計投入之成本及產出總量，藉以計算該部門或生產段之單位成本，而總成本即將各部門或生產段加總而得，圖 4-2 說明分步成本制下成本累積之概念。

3. 混合成本制（**hybrid product-costing system**）：具備分批與分步成本制的特性。因在某些行業的生產過程裡，僅在原料投入端差異甚大，而其加工作業則非常類似或相同，例如，服裝及食品業。故當公司之各產品線採用相近的大量生產方式，卻可製造出相異產品群時，多以混合成本制計算成本。在此成本制下，直接原料依製造批次累積，而加工成本（直接人工與製造費用）則依部門累積；亦即原料成本應用分批成本制分攤到產品，但加工成本則採用分步成本制分攤到產品，圖 4-3 說明混合成本制下成本累積之概念。當今實務上已經發展出所謂的營運成本系統（**operation costing**），用以建構混合成本制，期更能精準的進行成本企劃、維持與改善。此外，亦將分批成本制、分步成本制及混合成本制之比較彙整於表 4-1。

專有名詞

混合成本制（**hybrid product-costing system**）

當公司之各產品線採用相近的大量生產方式，卻可製造出相異產品群時，多以混合成本制計算成本。

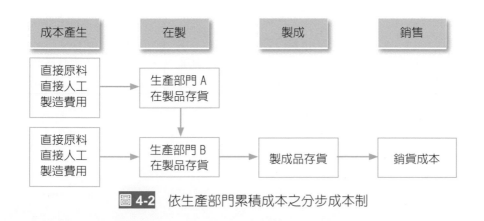

圖 4-1 依製造批次累積成本之分批成本制

圖 4-2 依生產部門累積成本之分步成本制

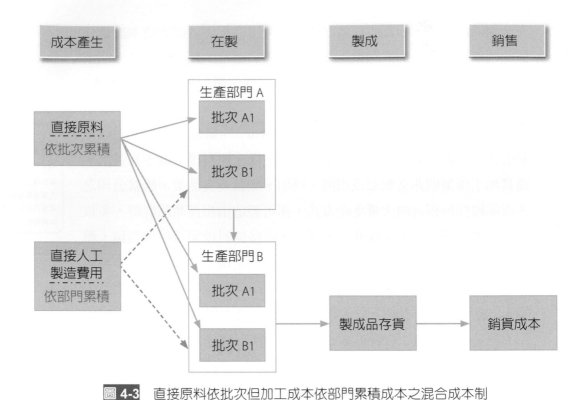

圖 4-3　直接原料依批次但加工成本依部門累積成本之混合成本制

表 4-1　分批成本制、分步成本制及混合成本制之比較彙整表

	分批成本制	分步成本制	混合成本制
相同處	• 目的相同，計算材料、人工、製造費用至產品，計算每單位生產成本。 • 基本會計科目相同，材料、人工、製造費用。 • 成本流程相同，從領料、在製、製成到銷售。		
相異處	• 每一期從事許多不同的批次。 • 按個別之批次累積成本。 • 分批成本單是主要的單據。 • 按每一批次來計算單位成本。	• 所有的產品是相同的，從事連續生產或長時間生產的產品。 • 按部門別累積成本。 • 部門別生產報告單是主要的單據。 • 按每一個部門來計算單位成本。	• 適用於製程相近或相同，但材料不同的大量生產。 • 直接材料分配至批次上而加工成本累積至各部門中。 • 按每一批次來計算單位成本。

4. 作業基礎成本制（**activity-based costing, ABC**）：面對商業環境的快速變遷，企業的商業模式、交易形態、產品與服務亦隨之複雜與多樣化，導致過去在企業成本結構中佔比重甚重的直接人工與直接成本，逐漸被製造費用（overhead）所取代。另外，對傳統總製造成本是個別作業成本的加總的重視亦被真正攸關競爭力與獲利能力的「總流程成本」所挑戰。因此傳統成本會計對於製造費用分配採單一分攤基礎之方式，並不夠嚴謹，易造成成本結構扭曲。是故，作業基礎成本制（activity-based costing；ABC）乃在提高產品成本的歸屬性，反映生產所耗用之資源，以利更正確計算成本。此制度以作業活動為基礎，首先將成本先分攤或直接歸屬至作業活動，然後再將作業成本依成本標的（Cost Objects, 如產品別、批次、部門）發生作業活動的量，將成本歸屬或分攤到成本標的。完整的作業基礎成本制請詳閱第 7 章。

4-2 製造業製造流程與會計處理

在說明目前最常採用之成本制度後，范經理為幫助張總更進一步認識成本制度，決定從較易瞭解之分批成本制度開始做進一步介紹，典型的生產制度，從現場作業員提出原物料請購開始，到最終產品完工出售為止，通常歷經下列程序：原料請購及驗收、領用及生產加工、產品完工結轉製成品、製成品銷售結轉銷貨成本等步驟，茲分別說明如下：

一、原料請購及驗收

針對原料，企業皆會訂立相關之存量管制基準及請購相關作業辦法，當原料庫存水位低於管制基準時，現場料管人員簽發「請購單」提出請購申請，請購單內容通常包含編號、日期、品名、規格、數量、以及需用日期。採購部門收到請購單後，則向供應商發出原料「訂購單」，訂購單內容通常包含訂購單編號、日期、訂購者、聯絡人、送達地址及連絡電話、供應商名稱、地址及連絡電話、原料品名、規格、數量、單價、總價、付款條件、運送方式及日期等資訊。提出請購及訂購時皆不必製作分錄。

訂購原料送達時，驗收部門製作「驗收報告」，並將原料送至倉庫存放。驗收報告一般包含：原料品名、規格、數量、運送者及運送日期，而會計部門則根據驗收報告及供應商提供之發票製作分錄：

原料	XXXXX	
應付帳款		XXXXX

二、領用及生產加工

在進行生產前，一般作業流程為生產單位主管簽發「生產通知單」通知現場進行生產作業，生產通知單內容一般包含編號、日期、製造產品規格、數量、預計完工日期、及生產批號等，見表 4-2。簽發生產通知單時，不需做任何分錄。現場接到生產通知單後，隨即填製「領料單」向料管或倉儲部門請領原料，以便進行生產加工，領料單內容一般包含編號、日期、生產批號、領料部門、原料、規格、數量、單位成本及總成本，見表 4-3，且領料單通常係由現場領班負責填寫。

表 4-2 生產通知單

生　產　通　知　單								
						日期：	年　月　日	
品名						編號：		
生產說明								
零件名稱	規格	用量	零件名稱	規格	用量	零件名稱	規格	用量
備註								
備註				完成日期　年　月　日				
				數量				
			廠長意見					

表 4-3 領料單

<table>
<tr><td colspan="5" align="center">領　料　單</td></tr>
<tr><td colspan="2">領用單位：</td><td colspan="3" align="right">日期：　年　　月　　日</td></tr>
<tr><td align="center">原（材）料名稱</td><td align="center">規格</td><td align="center">數量</td><td align="center">單位</td><td align="center">用途說明</td></tr>
<tr><td></td><td></td><td></td><td></td><td></td></tr>
<tr><td></td><td></td><td></td><td></td><td></td></tr>
<tr><td></td><td></td><td></td><td></td><td></td></tr>
<tr><td></td><td></td><td></td><td></td><td></td></tr>
<tr><td></td><td></td><td></td><td></td><td></td></tr>
<tr><td></td><td></td><td></td><td></td><td></td></tr>
</table>

廠長　　　課長　　　班長

　　原料領用後，會計部門則編製「分批成本單」（或簡稱成本單），記錄將該批次的所有投入之直接原料成本，該表單可視為在製品帳戶之明細帳，用以彙整每一批產品之製造成本，在同一時間內可能有數個批次進行生產，然而每一成本單卻僅用來彙整特定批次之生產成本。分批成本單內容一般包含編號、客戶名稱、產品名稱、規格、數量、批號及各項製造成本等，其中批號應與前述之領料單所登載的批號相同，請詳見表 4-4。按批號累計領料單之成本，再逐項過入成本單，其中領用之原料屬直接原料則借記「在製品」，屬間接原料則借記「製造費用」，分錄製作如下：

　　　　在製品－批次 XX　　　　XXXXX
　　　　製造費用　　　　　　　　XXXXX
　　　　　原料　　　　　　　　　　　　XXXXX

　　在人工成本分配部分，主要依據「計工單」，計工單主要記錄員工每日實際耗用在各生產批次之時間，亦可稱之為工作日報單。計工單一般包含員工姓名、編號、工作日期、工作起迄時間、以及工資率等資料，見表 4-5。會計部門於每日終了需將計工單內之人工時數區分為直接及間接兩部分，然後再將直接人工成本記入各該批次之分批成本單內，並將間接人工成本記入製造費用，分錄如下：

　　　　在製品－批次 XX　　　　XXXXX
　　　　製造費用　　　　　　　　XXXXX
　　　　　應付薪資　　　　　　　　　XXXXX

表 4-4 分批成本單

XX公司
分批成本單

客戶名稱：＿＿＿＿＿＿　　　　　　　　批次編號：＿＿＿＿＿＿＿＿

產品名稱：＿＿＿＿＿＿　　　　　生產通知單編號：＿＿＿＿＿＿＿

產品規格：＿＿＿＿＿＿　　　　　　　　開工日期：＿＿＿＿＿＿＿＿

產品數量：＿＿＿＿＿＿　　　　　　　　完工日期：＿＿＿＿＿＿＿＿

直接原料			直接人工			製造費用		
日期	領料單 #	金額	日期	計工單 #	金額	時數	分攤率	金額

成　本　彙　總	
直接原料	$
直接人工	
製造費用	
總　成　本	$
單位成本	$

表 4-5 計工單

XX公司
計 工 單

員工姓名：＿＿＿＿＿＿　　　　　　　日期：＿＿＿＿＿＿

員工編號：＿＿＿＿＿＿　　　　　　　部門：＿＿＿＿＿＿

批次編號：＿＿＿＿＿＿

起始時間	停止時間	工作時數	工資率	工資額

　　　在製造費用部分，包含許多不同的成本項目，可分為固定成本及變動成本兩類，其中如折舊、保險及租金等不受產量影響之成本項目屬固定成本，而水、電、瓦斯、包裝等隨產量而變動之成本項目屬變動成本。由於無法如直接原料及人工可明確歸類至各批次，必須採用合理之分攤及歸屬方式。

　　　製造費用分攤，需先選擇適當之分攤基礎後再計算分攤比率。一般常用直接人工成本、機器小時、直接人工小時等與產量有關之項目做為製造

費用分攤依據，分攤基礎選擇必須考量其與製造費用及產品間之關係，方能正確計算產品成本。一般製造費用分攤可分為標準製造費用分攤率、實際製造費用分攤率（亦稱實際成本法）及預計製造費用分攤率（亦稱正常成本法）等三種，實際成本法及正常成本法比較如下表 4-6。其中標準製造費用分攤率係指依某特定程序所訂定的製造費用分攤率之標準，而實際製造費用分攤率係由實際製造費用除以實際分攤基礎而得，然受限於許多費用必須至期末終了方能得知，無法及時分配成本至期中已生產之產品，以及部分費用因季節而有不同（如電力費用於夏季加成計算），造成各季成本波動不定，因此實際費用分攤率較少被採用。

表 4-6 實際成本法及正常成本法之比較彙整表

比較項目	實際成本法	正常成本法
直接成本紀錄	直接原料與直接人工的實際成本	直接原料與直接人工的實際成本
製造費用分攤率	實際製造費用 ÷ 實際分攤基礎	估計製造費用 ÷ 估計分攤基礎
製造費用分攤	實際分攤率 × 實際分攤基礎	估計分攤率 × 實際分攤基礎

多數公司採用預計製造費用分攤率，用以計算各批次之製造費用。預計製造費用分攤率係以正常生產下之預計當期製造費用總額，除以預計之分攤基礎而得，依分攤基礎乘以分攤率，則可計算製造費用，採用預計製造費用分攤率，相較實際費用分攤率，係以全期作為計算基準，分攤率較為平均，可使製造費用較為平穩，避免隨各季起伏波動。製造費用分攤的分錄如下：

在製品－批次 XX　　　　XXXXX
　　已分攤製造費用　　　　　　　XXXXX

三、產品完工結轉製成品

當完成所有製造加工程序後，製成品便從生產廠房轉至製成品倉庫。此時，會計部門應將該批次所耗用的直接原料成本、直接人工成本及已分攤製造費用的成本，從在製品轉入製成品，分錄如下：

製成品　　　　　　XXXXX
　　在製品－批次 XX　　　　　XXXXX

四、製成品銷售結轉銷貨成本

當該批製成品出售並交運顧客時，應開立銷貨發票，並將分批成本單上的總成本，從製成品轉到銷貨成本，分錄如下：

應收帳款	XXXXX	
銷貨收入		XXXXX
銷貨成本	YYYYY	
製成品		YYYYY

如果該批次產品僅有部分售出，則製成品轉銷貨成本金額，則為列示在分批成本單上的單位成本乘以售出數量。

成會焦點

森田藥粧 80 年老字號用品質與口碑打進亞洲市場

森田藥粧，由周氏家族創始於民國 24 年，開始是一間叫做「森田」的小鋪，以自製木屐的銷售為主，兼賣日用品。民國 34 年臺灣光復後，木屐的需求漸失，轉型為日用品的零售買賣，命名為「森田百貨行」，之後進一步轉型成為批發商。民國 65

圖片來源：今周刊

年起第二代接手經營並正式登記成為「森田百貨有限公司」，80 年代起，雖然持續日用品批發事業，但也開始轉型為代理日本個人清潔用品及保養品的化粧品進口商。

90 年代，周氏家族在醫院擔任醫職的周俊旭醫師，負起研發美容保養品的任務，在考察日本市場後發現「面膜」形態的保養品正在興起，於是周俊旭醫師著手研發 MIT 的「面膜」，經過不斷的配方改良及測試，推出了膠原蛋白面膜，由於價格平實但品質優良，立刻在國內創下銷售佳績，並 2010 年，開始進軍亞洲市場，從中國、日本、新加坡、馬來西亞，甚至在柬埔寨藥妝商店架上都可以看見森田的產品，MIT 面膜不僅在臺灣銷售第一，在新加坡也連續七年拿下屈臣氏開架式面膜商品銷售第一名，年產量約三億片面膜，堆疊起來約等於三座台北 101 大樓的高度，因而有「面膜之王」美名。

儘管越來越多廠商投入面膜市場，但森田的銷售表現依然維持平穩，在東南亞市場的成長更高達兩倍，抱持「研究才能強化競爭力」的態度，持續開發讓處於不同緯度地區，從寒冷的日、韓到悶熱的東南亞國家都一體適用的產品，同時要讓產品效期夠持久，並可依據客戶不同的需求，生產小批次多樣化的產品供應，在優良的品質保證，再加上良好的口碑行銷，得以在紅海競爭中脫穎而出，並在 2016 年榮獲經濟部中小企業最高榮譽「小巨人獎」的肯定。

資料來源：English Career，第 61 期

4-3 分批成本制下製造成本之計算

經過范經理一連串的講解，張總已對成本制度、製造流程及相關會計處理已有了初步的認知，范經理見張總興致昂揚，決定運用公司當前生產流程為例，說明製造費用分攤之計算方式，以加強張總之印象及認知。

范經理決定以公司生產製造之電動輪椅進行說明，該產品成本計算，係採用分批成本法，並運用正常成本法計算及分攤製造費用，電動輪椅之生產，係經車體及組裝兩階段所組成，在車體階段，因全部採用自動化生產，製造成本多與機器運作有關，如折舊、修護費用及料件耗材替換等，因此該階段係採用機器小時作為分攤基礎；而在組裝階段，因多數使用人力進行組裝及測試，因此該階段則以直接人工成本作為分攤基礎，而該年度生產相關之成本預估如表 4-7 之彙整：

表 4-7 年度生產相關成本之預估彙整表

	車體	組裝
預計製造費用 ($)	$1,500,000	$1,000,000
直接人工成本 ($)	$400,000	$2,000,000
直接人工小時 (HR)	10,000	50,000
機器小時 (HR)	20,000	5,000

由上表可知預計製造費用分攤率為：

車體段：$1,500,000 ÷ 20,000 = 每一機器小時 $75/HR

組裝段：$1,000,000 ÷ $2,000,000 = 直接人工成本之 50%

上週製造之第 125 批次之生產時程、人力及成本記錄如下：

	車體	組裝
直接原料 ($)	$50,000	$20,000
直接人工成本 ($)	$3,200	$16,000
直接人工小時 (HR)	80	400
機器小時 (HR)	200	50

以上述之預計製造費用分攤率計算製造費用如下：

車體段：200(HR) × $75 = $15,000

組裝段：$16,000 × 50% = $8,000

第 125 批次之成本彙總如下表 4-8 所示：

表 4-8 第 125 批次之成本彙總表

	車體	組裝	合計
直接原料	$50,000	$20,000	$70,000
直接人工成本	3,200	16,000	19,200
製造費用分攤	15,000	8,000	23,000
總成本	$68,200	$44,000	$112,200

4-4 深入剖析製造費用分攤

一、製造費用分攤釋疑

范經理利用現有的生產概況進行分批成本制度下成本計算的說明，使張總茅塞頓開，對分批成本制度有了更進一步的認識，但也產生了一個新的疑問：「當使用正常成本時，分攤比率係於期初訂定，但現實中各種狀況瞬息萬變，分攤後之成本能否與實際發生之成本一致呢？如果不一致又該如何處理呢？」

> 估計之費用與分攤基礎與實際可能存在差異，當已分攤製造費用超過實際的製造費用時，便產生多分攤製造費用，反之則產生少分攤製造費用。

范經理一聽張總提出的問題，深感欣慰張總能在如此短的時間舉一反三，馬上再解釋：「當採用正常成本法，因分攤率係採用估列方式，估計之費用與分攤基礎與實際可能存在差異，當已分攤製造費用超過實際的製造費用時，便產生多分攤製造費用，反之則產生少分攤製造費用，需要定期的調整，以調節批次的製造費用與實際的製造費用相同。」

在調整前，需先比較分攤的製造費用和實際的製造費用差異，並可考慮選擇下列兩種方式進行調整：

1. 當差異不大時，將多或少分攤之製造費用全部轉入銷貨成本（或本期損益）。

2. 反之，按照在製品、製成品及銷貨成本帳戶餘額（或該三個科目已分攤製造費用數額）的相對比例，將多或少分攤的數額分攤至此三個科目。

二、分攤差異之調整

為幫助張總快速瞭解製造費用分攤差異調整，范經理繼續用公司生產電動輪椅為例進行說明，假設車體及組裝實際及分配之製造費用如下：

	車體	組裝	合計
已分攤	$3,800,000	$1,850,000	$5,650,000
實際	3,700,000	1,900,000	5,600,000
差異	+ $100,000	− $50,000	+ $50,000

由於已分配製造費用與實際製造費用差異 $50,000，可能之調整方式如下：

1. 可直接將該金額作為銷貨成本之調整，分錄如下：

製造費用－車體	100,000	
製造費用－組裝		50,000
銷貨成本		50,000

2. 按比率分配到在製品、製成品及銷貨成本科目，假設期末各科目餘額為：

在製品	$200,000
製成品	300,000
銷貨成本	500,000
總額	$ 1,000,000

調整前後之餘額變化如下：

	調整前	調整	調整後
在製品	$200,000	− $10,000	$190,000
製成品	300,000	− 15,000	285,000
銷貨成本	500,000	− 25,000	475,000
總額	$1,000,000	− $50,000	$950,000

分錄如下：

製造費用－車體	100,000	
製造費用－組裝		50,000
在製品		10,000
製成品		15,000
銷貨成本		25,000

　　聽完范經理對分批成本制的介紹後，張總忐忑惶恐的心情完全消失了，取而代之的是初窺成本制度的興奮，仔細回想先前范經理對分批成本流程的介紹，再加上實際的例子，張總對分批成本制度已有了完整清楚的概念，在范經理的帶引下，張總彷彿進入了一座知識寶庫，張總暗自期許，入寶庫絕對要滿載而歸。

🔍 問題討論

成本正確性與績效追求之探討

黃力宏為瑞展工業股份有限公司的會計課長，他剛結算分別將提供醫療器材行零售及政府署立醫院的兩批電動輪椅的半月份成本暫估表，他向主管報告：「由於原料成本持續上揚，電動輪椅零件 A 單位生產成本已達 800 元，高於銷售醫療器材行單價 700 元，並低於銷售署立醫院單價 900 元。」主管獲知訊息後，指示下半月調整分攤比例，以使提供醫療器材行之單位成本低於其售價，其餘成本全計入售往署立醫院之電動輪椅成本，以使兩批次產品皆產生利潤。

問題一：

黃力宏是否該遵照主管指示？

問題二：

若遵照主管指示將產生何種後果？

討論：

企業無可避免須面對及因應外部環境的快速變化，但過度頻繁的調整或是從不調整都將造成資訊扭曲及失真，而使管理階層根據錯誤的資訊做出錯誤的決策，如何拿捏視產業及所處環境而有所不同，當員工面臨上述狀況，可於期間結束後綜合考量市場變化及公司現實狀況進行調整較為恰當，應避免短期間任意調整造成成本結構之扭曲，導致提供管理階層錯誤訊息。

　　分批成本制是一種產品成本的計算方式，係以訂單或生產批次為基準，用以累計並計算產品成本。在分批成本制中，成本標的為明顯易辨認產品或勞務之個別單位或集合，亦稱之為批次，各批次可能是單一的、獨特的產品，或者是一批相對較少的同質或是非常相似的產品。通常分批成本制適用於依據顧客所指定特殊規格來生產產品、或是分次生產多種不同標準化產品之產業，例如：造船業、印刷業、建築業及飛機製造業等。

　　公司使用分批成本制者，簡略而言係生產部門依照製造通知單所列之指示進行生產，並將所發生之直接原料及直接人工費用填入「分批成本單」。產品完工時，製造費用再依據已設定之比率分攤，並計入該分批成本單中，該批次生產完成後，由其分批成本單即可得知該批次之生產成本及單位成本，這些資訊可作為產品成本計價的參考來源、估計未來訂單成本之基準及期末財務報告的編製依據。

　　分批成本的實際進行步驟如下：首先須選定成本標的之批次，一般皆採用分批成本單以累計指派至批次之所有成本的憑證；其次則是確定各批次之直接成本，一般包含直接材料及直接人工；第三步驟則是選擇分攤間接成本至各批次之成本分攤基礎，針對不同之間接成本以不同之成本動因進行分攤；第四步驟則是累計每一成本分攤基礎之間接成本；第五步驟則是計算單位成本分攤比率，以分攤間接成本至各批次；第六步驟則是計算分攤至各批次之間接成本；最後則是加總各批次之直接成本及分攤至各批次之間接成本，以計算該批次之總成本。

　　由於分攤比率係於期初訂定，但現實中各種狀況瞬息萬變，分攤後之成本往往與實際發生之成本有所差異，故可考慮選擇下列兩種方式進行調整：當差異不大時，將多或少分攤之製造費用全部轉入銷貨成本；或是按照在製品、製成品及銷貨成本帳戶餘額的相對比例，將差異之數額分攤至此三個科目。

一、選擇題

(　　) 1 甲公司採用以直接人工小時為分攤基礎的預計製造費用分攤率，將製造費用分攤至各個批次。去年該公司發生 10,000 個直接人工小時與 $80,000 的實際製造費用成本。若製造費用少分攤 $2,000，則該年度預計製造費用率為何？

(A) $7.8　(B) $8　(C) $8.2　(D) $8.4。　　　　　　　　（105 地特 3 等）

(　　) 2. 使用直接人工小時為單一預計間接成本之分攤基礎，很容易造成何項結果？

(A) 預計間接成本分攤率被高估

(B) 低估低單價產品的產品成本

(C) 少攤成本給生產數量高的產品

(D) 低估生產數量低、製程複雜的產品成本。　　　　　（105 地特 3 等）

(　　) 3. 甲公司採用分批成本制，並按直接人工成本的 110% 分攤製造費用。若批號 #100 訂單之實際製造費用為 $58,000，已耗用直接人工成本為 $50,000，則批號 #100 訂單之已分攤製造費用為何？

(A) $50,000　(B) $55,000　(C) $58,000　(D) $63,800。　　（105 高考）

(　　) 4. 承上題，則批號 #100 訂單之製造費用：

(A) 少分攤 $3,000　　　　　　　(B) 少分攤 $8,000

(C) 多分攤 $5,800　　　　　　　(D) 多分攤 $8,000。　　（105 高考）

(　　) 5. 下列何種情況會產生少分攤製造費用？

(A) 實際製造費用大於在製品製造費用

(B) 實際製造費用大於完成品製造費用

(C) 預計製造費用大於實際製造費用

(D) 實際製造費用大於已分攤製造費用。　　　　　　　（104 地特 3 等）

(　　) 6. 甲公司某年不慎將 $150,000 的銷售獎金分配到「製造費用」，該公司期末存貨數量比期初存貨數量還多，在其他條件不變情況下，關於此一錯誤造成的結果，下列敘述何者正確？

(A) 高估當年度的存貨金額和淨利

(B) 低估當年度的存貨金額和淨利

(C) 對當年度的存貨金額和淨利沒有影響

(D) 高估當年度的存貨金額，但是對當年度淨利沒有影響。　（105 身障 4 等）

( ) 7. 某公司當年度相關成本資料如下：耗用直接原料 $190,000，直接人工成本（7,000 個直接人工小時）$245,000，實際製造費用 $273,000。該公司採用預計製造費用分攤率來分攤製造費用，當年度預計發生 8,000 個直接人工小時，預計的製造費用為 $320,000。該公司帳上唯一的存貨科目為製成品科目，該帳戶期末餘額為 $9,000。試問該公司當年度應分攤的製造費用為何？

(A) $245,000　(B) $273,000　(C) $280,000　(D) $320,000。　（105 身障 4 等）

( ) 8. 中順公司製造費用的預計費用分攤率為每直接人工小時 16 元，估計工資率為每小時 20 元。假設其估計總直接人工成本為 300,000 元，其估計製造費用應為：

(A) 240,000 元　(B) 187,500 元　(C) 150,000 元　(D) 30,000 元。（104 會計師）

( ) 9. 在分批成本法之下，下列有關殘料處理之敘述，何者錯誤？

(A) 殘料收入可直接結轉本期損益

(B) 殘料退回倉庫至出售尚需一段時間，則應至出售時才按淨變現價值認列出售收入

(C) 殘料具有重大價值且可追蹤至個別批次時，應借記現金（或應收帳款），貸記在製品

(D) 殘料可追蹤至個別批次時，出售殘料收入可視為該批次成本之減少。

（104 高考）

( ) 10. 乙公司產銷一種產品，其生產部門本月份生產產品 15,000 件（包含損壞品），成本為 $45,000，製造完成時損壞 600 件。若該損壞係屬正常損壞，估計殘餘價值 $1,800，則該公司製成品的單位成本為何？

(A) $2.88　(B) $3　(C) $3.125　(D) $4.2。　　（104 高考）

二、計算題

1. 甲公司採用分批成本制，並按預計分攤率將製造費用分攤至各批次之產品。下列是該公司六月份之相關資料；直接原料成本 $30,000，間接原料成本 $6,000，實際製造費用 $25,000，直接人工成本 $45,000。該公司六月份無期初或期末在製品存貨，若已分攤製造費用為 $15,000，則其已完工製成品成本為何？　　　　（106 鐵路三級）

2. 某公司當年度相關成本資料如下：耗用直接原料 $190,000，直接人工成本（7,000 個直接人工小時）$245,000，實際製造費用 $273,000。該公司採用預計製造費用分攤率來分攤製造費用，當年度預計發生 8,000 個直接人工小時，預計的製造費用為 $320,000。該公司帳上唯一的存貨科目為製成品科目，該帳戶期末餘額為 $9,000。若多（少）分攤製造費用均調整至銷貨成本，則該公司當年度調整後銷貨成本為何？

（104 退役四等）

3. 某公司當年度相關成本資料如下：耗用直接原料 $190,000，直接人工成本（7,000 個直接人工小時）$245,000，實際製造費用 $273,000。該公司採用預計製造費用分攤率來分攤製造費用，當年度預計發生 8,000 個直接人工小時，預計的製造費用為 $320,000。該公司帳上唯一的存貨科目為製成品科目，該帳戶期末餘額為 $9,000。試問該公司當年度應分攤的製造費用為何？

（105 身障四等）

4. 甲公司採正常成本制，以直接人工成本為製造費用分攤基礎，並將多（少）分攤製造費用結轉銷貨成本。該公司本期預計發生直接人工 $324,000 與製造費用 $680,400，而實際發生投入直接材料 $384,000、直接人工 $306,000 與製造費用 $658,000。若該公司在製品與完成品之期初餘額分別為 $41,000 與 $26,000，期末餘額則均減少 10%，該公司本期之銷貨成本為何？

(103 地特三等)

5. 仁愛公司製造競賽遊戲用搖桿，採用正常成本法，以直接製造人工成本分攤製造費用。

20X1 年資料如下：

預計製造費用	$180,000	實際製造費用	$207,000
預計直接製造人工成本	$480,000	實際直接製造人工成本	$522,000

20X1 年 12 月 31 日之存貨餘額為：

帳戶	期末餘額	各帳戶期末餘額之直接製造人工成本
在製品	$67,600	$22,800
製成品	211,250	54,720
銷貨成本	566,150	150,480

試求：

(1) 計算 20X1 年少分攤或多分攤製造費用之金額。

(2) 計算 20X1 年在製品、製成品及銷貨成本之期末餘額，採用下列方法處理少分攤或多分攤製造費用

① 根據在製品、製成品及銷貨成本之 20X1 年期末餘額 (比例分配前) 比例分配。

② 根據在製品、製成品及銷貨成本之 20X1 年期末餘額中之已分攤製造費用金額 (比例分配前) 比例分配。 （106 地方特考四等）

6. 乙公司採用正常成本法且設有單一製造費用成本庫，並以機器小時為成本分攤基礎。

20X6 年資料如下：

預計製造費用成本	$4,800,000
預計機器小時	80,000
實際製造費用發生	$4,900,000
實際機器小時	75,000

下列為實際機器小時與期末餘額（此為比例分配少分攤或多分攤製造費用前之金額）之資料：

	實際機器小時	20X6 年期末餘額
銷貨成本	60,000	$8,000,000
製成品	12,000	1,250,000
在製品	3,000	750,000

試求：

(1) 計算 20X6 年每小時製造費用預計分攤率。

(2) 計算 20X6 年少分攤或多分攤製造費用（標示多或少分攤）。

(3) 根據在製品、製成品及銷貨成本期末餘額中之已分攤製造費用金額（比例分配前）比例分配，計算分配後製造費用總額。 （105 年原住民特考四等）

7. 甲公司採分批成本制度，製造費用為直接人工成本的 80%，X1 年 3 月份相關資料如下：

(1) 3 月 1 日原料、在製品及製成品金額分別為 $60,000、$80,000 及 $250,000。

(2) 3 月份原料進貨金額為 $520,000，3 月底期末原料金額為 $40,000。

(3) 3 月 1 日應付薪資為 $30,000，3 月份支付薪資 $410,000，3 月底應付薪資為 $20,000。

(4) 製造費用中包括間接原料 $60,000 及間接人工 $80,000。

(5) 3 月底只剩下批號 3404 的訂單尚未完工，其中直接人工成本為 $50,000。

(6) 3 月底期末製成品金額為 $310,000，銷貨毛利為銷貨成本的 25%，銷貨收入為 $1,125,000。

試求：

(1) 計算 3 月底批號 3404 在製品中直接原料的金額。

(2) 計算 3 月份的製造成本。　　　　　　　　　　　　　　　　（地方特考三等）

8. 賀柏公司生產各種商用與家用幫浦，公司有一套及時（just-in-time）存貨與生產系統，因此原料、在製品與製成品的金額都很小。在 10 月底，公司有 $20,000 的原料存貨，此外，批次 281 與 282 仍在製中，批次 279 已經完工並等待運送。有關各批次的分批成本單如下：

10 月底

批次	直接原料	直接人工	製造費用	合計	狀態
279	50,000	15,000	30,000	95,000	完工但尚未運送
281	20,000	5,000	10,000	35,000	在製中
282	60,000	20,000	40,000	120,000	在製中

11 月份，公司開始生產批次 283、284 及 285，11 月底各批次的狀況如下：

11 月底

批次	直接原料	直接人工	製造費用	合計	狀態
279	50,000	15,000	30,000	95,000	已運送
281	25,000	8,000	16,000	49,000	已運送
282	62,000	21,000	42,000	125,000	已運送
283	30,000	20,000	40,000	90,000	已運送
284	80,000	30,000	60,000	170,000	已運送
285	15,000	10,000	20,000	45,000	在製中

賀柏公司 11 月份購買 $120,000 的原料，發生 $130,000 的製造費用，多分攤或少分攤製造費用直接沖銷銷貨成本。假設 11 月份使用的原料都是直接原料。

試作：

(1) 計算 11 月底的原料存貨餘額。

(2) 計算 11 月底的在製品存貨餘額。

(3) 計算 11 月底的製成品存貨餘額。

(4) 計算 11 月份的製成品成本。

(5) 計算 11 月份的銷貨成本。　　　　　　　　　　　　　　　　（101 普通考試）

9. 甲公司的會計人員整理帳務資料，發現相關資料如下：

(1) X1 年 12 月 31 日原料帳戶有借方餘額 $15,000，製成品借方餘額 $20,000，應付薪資貸方餘額 $5,000。

(2) X2 年 1 月 31 日應付薪資貸方餘額 $3,000，原料借方餘額 $20,000，製成品借方餘額 $15,000。

(3) 製造費用的分攤係以直接人工成本為基礎計算分攤率，X2 年全年預算中，直接人工成本為 $400,000，製造費用為 $600,000。

(4) X2 年 1 月份，投入生產的原料共計 $90,000，1 月份製造完成的產品之成本為 $180,000，1 月份實際發生的製造費用為 $57,000。

(5) X2 年 1 月 31 日唯一未完工的批次第 109 批，其中直接人工成本為 $2,000（亦即 125 直接人工小時），直接原料成本為 $8,000。

(6) 整個工廠的工人工資率是一樣的，1 月份直接人工時數共計 2,500 小時，間接人工成本為 $10,000，1 月份共支付薪資 $52,000。

試作：

(1) X2 年 1 月份購料成本。

(2) X2 年 1 月份銷貨成本。

(3) X2 年 1 月份直接人工成本。

(4) X2 年 1 月份已分攤製造費用。

(5) X1 年 12 月 31 日在製品餘額。

(6) X2 年 1 月 31 日在製品餘額。

(7) X2 年 1 月份多分攤或少分攤之製造費用金額。　　　　（104 地方特考四等）

10. 欣欣公司採分批成本制生產產品，批號 #555 之產品共有 3,000 單位，單位成本如下：

直接材料	$8
直接人工	6
製造費用（含 $0.5 備抵壞品成本）	4

生產完成檢驗後發現有 200 單位不合規定，惟仍可以每單位 $5 出售。

試分別按下列基礎，記錄生產、損壞及完成時應有之分錄：

(1) 視為正常損失，記入當年度所有產品中。

(2) 視為非常損失，記入當年度所有產品中。　　　　（96 會計師）

分步成本制

學習目標　讀完這一章，你應該能瞭解

1. 分步成本制下的成本流程。
2. 分步成本制之會計處理方式。
3. 約當產量之計算。
4. 生產成本報告單之製作。
5. 後續部門增添原料之產量及成本計算。
6. 混合成本制及其成本流程。

引言

　　前次經由范經理的解說，張總對分批成本制已有完整之瞭解，這週參加獅子會舉辦之球敘時，行進間突然聽聞走在前面的杜董抱怨，由於原料供應商無法穩定供貨，只能先向另一供應商進貨，造成石化廠生產成本增加而苦惱不已，不斷與身旁的洪董討論，談話間不斷地提到分步成本勾起張總的興趣，似乎和上次范經理提點之分批成本有所不同，回公司後馬上再次請教范經理。

5-1 分步成本制下之成本流程

　　經過范經理的一番說明，張總對分步成本已有非常基本之認識，但對分步成本該如何運用於一般會計作業中仍懵懵懂懂，為幫助張總建立邏輯性架構，范經理深入介紹分步成本制之成本流程。不同於分批成本以個別批次累積成本，分步成本係以部門別來累積成本。生產活動透過多個部門陸續進行，每一個部門皆執行特定之作業或生產程序，以完成產品之製造。

　　第一個生產部門執行產品的初始製造作業，並於完成後將之轉入下一個生產部門繼續製造，完成後再轉入下一個部門依此類推至生產製程結束。各項生產成本發生後，先歸屬於該生產部門，再進一步分攤至該部門生產之產品，成本伴隨產品移轉至下一個部門繼續累積，直到產品完成轉入製成品為止。因此，在分步成本制度下，每一個加工部門皆設有一個在製品帳戶，而且直接原料可視需要在任一部門投入，而非單只限於第一個部門。除第一個生產部門以外，其他部門的生產成本包括前面部門轉來的成本（稱為前部轉來成本，transferred-in costs）；相對地，除最後一個部門含有繳庫成本外，其他部門的生產成本則含有轉到後面部門之成本（稱為轉入後部成本，transferred-out costs）。其成本流程如圖 5-1 所示。

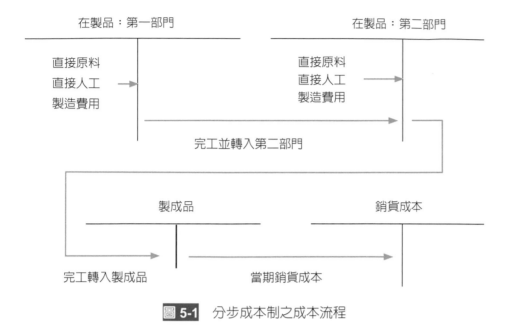

圖 5-1 分步成本制之成本流程

　　完成一系列之說明後，范經理總結分步成本會計制度之流程及內容如下：

1. 生產管理單位依據訂單需求及生產計畫開立製造通知單，以作為各部門領料、派工及生產之依據，亦是動用各項成本要素之核准依據。

2. 開始生產時，填製各項成本憑證（如領料單或是計工單）作為計算成本及存量管制之依據。

3. 依據原始憑證（如外來憑證及計工單等內部憑證）記錄各項成本要素，以及製作總帳及明細帳。

4. 逐日累計各成本憑證以製作生產日報單，作為記錄每日投入及產出數量之依據，月終則結算全月生產，彙總編製各部門之成本報表，並依序將第一部門成本移轉至第二部門，依序直至完工部門為止，計算製成品之單位成本。

5. 非生產部門發生之製造費用，通常先按合理分攤標準及順序分配於各生產部門，再經由各生產部門之月結編製成本月報，攤算為各部門轉出產品之單位成本，再比照第 4 項說明依序求得最終部門製成品之單位成本。

6. 各部門在月終結算時，均有尚未完工之半成品及部門間移轉之在製品，如何換算為完工單位以及計算其成本，則必須運用「約當產量」概念。在分批成本會計制度下，各批獨立累計成本，已完工及未完工之各批成本不會相混淆，故無約當產量之運用必要，然而在分步成本制度下，以部門為彙總及計算成本之基準，故同一部門發生之成本應區分為已完工轉出及未完工尚須留待進一步作業兩大部分，在此種分類下，便必須計算未完工部分可能之產出，即為約當產量。

5-2 分步成本制之會計處理方式

在解說成本流程後，范經理打鐵趁熱，隨手拿起紙筆解說分步成本制下的會計處理流程及會計分錄製作，范經理以公司製造的電動代步車為例，其製造係由車體及組裝二個部門進行：

一、紀錄直接原料成本

如同分批成本制，原料必須憑領料單向倉儲部門領取。這些直接原料於領取後，其成本將記入用料部門的在製品帳戶下。例如，電動代步車之製造程序始於車體部，則當期車體部耗用直接原料之分錄可記載如下：

在製品－車體部門	XXXXX	
直接原料		XXXXX

二、記錄直接人工成本

在分步成本制下，直接人工成本是按部門別而非批次別來認列，故計算較為簡便，以車體及組裝二個部門為例，記錄直接人工成本的分錄如下：

在製品－車體部門	XXXXX	
在製品－組裝部門	XXXXX	
應付薪資		XXXXX

三、記錄製造費用

分步成本制的製造費用處理方式與分批成本制極為類似。在製造費用發生時,借記製造費用帳戶,貸記其他相關帳戶。在分攤製造費用時,借記在製品,貸記已分攤製造費用。此處之已分攤製造費用是以各生產部門之實際作業水準,例如直接人工小時,乘以實際製造費用分攤率或預計製造費用分攤率來計算。接續前例,則車體及組裝部二個部門記載已分攤製造費用的分錄如下:

> 在製品－車體部門　　　　XXXXX
> 在製品－組裝部門　　　　XXXXX
> 　　已分攤製造費用　　　　　　　XXXXX

在一定期間(如每月、每季或每年)終了時,將實際發生之製造費用與已分攤製造費用相互結轉,並將兩者之差異數(即多或少分攤之製造費用)比照分批成本章節 4-4 所提及之方法處理。

四、記錄產品移轉至下一個部門繼續加工

當某部門完成加工作業後,將產品移轉到下個部門進一步加工。例如,電動代步車由車體部移轉至組裝部繼續加工之分錄如下:

> 在製品－車體部門　　　　XXXXX
> 　　在製品－組裝部門　　　　　　XXXXX

五、記錄產品完工

當電動代步車於組裝部完成加工作業後,隨即轉至製成品帳戶,則分錄如下:

> 製成品　　　　　　　　　XXXXX
> 　　在製品－組裝部門　　　　　　XXXXX

六、記錄產品售出

當產品售出時,借記現金或應收帳款,貸記銷貨收入,此時產品成本將由製成品帳戶轉至銷貨成本,其分錄如下:

> 銷貨成本　　　　　　　　XXXXX
> 　　製成品　　　　　　　　　　　XXXXX

5-3 約當產量之計算

在一系列條理分明的解說下，張總因短時間內受益匪淺而興奮不已，范經理也因教學相長下，感到自己多年功力受到肯定而甚表滿意。此時張總發現自己在筆記上所註記之約當產量，想起范經理先前賣關子尚未說明，趕忙追問。

范經理表示，在最理想的狀況下，若某部門全期中僅生產一種產品，無期初、期末在製品，則只需將該部門當期發生之總成本除以總生產數量，即可求得部門之單位成本。然而在現實中，生產的過程並非如此單純及完美，直接原料、直接人工及製造費用等要素投入時點及方式都會影響產品成本之計算，因而必須運用約當產量之觀念，針對未完工之在製品，依其完工程度推估其約當產量，以利於計算該部門之單位成本。

所謂約當產量，就是相當於製成品的數量，係指以「一個完工產品所耗用的生產要素」作為衡量單位所計算之生產數量。計算約當產量之目的，乃在將生產成本公平合理地分攤至當期已完工與未完工之產品。約當產量之計算，隨著成本流程假設之不同，而有多種不同的計算方式，但較常使用的為加權平均法及先進先出法，茲分別介紹如後。

一、加權平均法（Weighted-average Method）

加權平均法係將期初在製品及本期生產之產品成本合併計算，故本期完工的製成品不需區分為來自期初在製品的部分，以及本期開始製造且完工的部分。由於期初在製品的成本和本期投入的成本合併平均計算，故稱為加權平均法。加權平均法之約當產量為本期所有完工單位數加上依完工比率計算之期末在製品單位數。

范經理繼續以電動代步車為例，車體部門本期之相關生產資料與約當產量之計算如表 5-1 所示。為簡化假設，茲將直接原料假設為生產一開始即全部投入，且生產要素之直接人工及製造費用合併以加工成本替代，於生產過程中平均發生。

表 5-1 本期車體部資料與約當產量之計算－加權平均法

	單位數	完工百分比		約當產量	
		直接原料	加工成本	直接原料	加工成本
期初在製品	500	100 %	60 %		
本期開始生產	4,500				
待處理單位數	5,000				
本期完工並轉出	4,500			4,500	4,500
期末在製品	500	100 %	40 %	500	200
合計	5,000			5,000	4,700
成本資料					
期初在製品：					
直接原料		$90,000			
加工成本		59,000		$149,000	
本期投入：					
直接原料		$360,000			
加工成本		176,000		$536,000	

　　由表 5-1 的計算可知，在加權平均法下之約當產量為本期完工的單位數再加上期末在製品約當產量，因此車體部加工成本之約當產量為本期完工 4,500 單位再加上期末在製品 200 單位（500 單位乘以完工比率 40%）共計 4,700 單位。換句話說，只要在本期完工且轉入後續組裝部門者，不論其來自期初在製品，或本期才開始生產者，皆計入本期之約當產量。此種處理方式簡化了約當產量之計算及部門生產成本報告單之編製。

二、先進先出法（First-in, First-out Method）

　　先進先出法假定期初在製品先完工，而本期開始生產者後完工，故產品約當產量的計算，與加權平均法約當產量之計算有一個不同點，那就是先進先出法之約當產量不含期初在製品原已完工部份的約當產量。亦即，先進先出法下約當產量是下列三者之和：期初在製品存貨在本期完工之約當產量＋本期開始且已完工之單位數＋期末在製品存貨之約當產量。

　　范經理繼續以車體部為例，在先進先出法下，約當產量之計算如表 5-2。依據表 5-2，在本期車體部門完工且轉出 4,500 (5,000－500) 單位至組裝部，而其中有 500 單位係來自期初在製品存貨，此 500 單位期初在製品存貨之直接原料已於前期全部投入，故無約當產量；而加工成本前期已投入 60%，亦即前期已折算 300 單位約當產量，因此本期只須再投入 40%

(100% － 60%)，亦即期初在製品存貨之加工成本部分有 200 (500 × 40%)
單位應計入本期之約當產量。

表 5-2 本期車體部資料與約當產量之計算－先進先出法

	單位數	完工百分比		約當產量	
		直接原料	加工成本	直接原料	加工成本
期初在製品 (7/1)	500	100%	60%		
本期開始生產	4,500				
待處理單位數	5,000				
期初在製品完工	500	0%	40%	0	200
本期完工	4,000	100%	100%	4,000	4,000
期末在製品 (7/31)	500	100%	40%	500	200
合計	5,000			4,500	4,400
成本資料					
期初在製品：					
直接原料		$90,000			
加工成本		59,000		$149,000	
本期投入：					
直接原料		$360,000			
加工成本		176,000		$536,000	

5-4 生產成本報告單

在解釋約當產量的觀念後，范經理表示為提供管理者完整精確之成本
資訊，以作為績效衡量之標準及資源管理之依據，則必須依靠各部門所編
製之「生產成本報告單」。以電動代步車事業部為例，該事業部通常每月
結算一次生產成本，車體及組裝兩部門於月底時，皆必須編製自行部門之
生產成本報告單，以便將通過各自部門之所有產品單位的成本加以彙總
（總成本），並計算產品之單位成本。生產成本報告單主要內容為產量資
料、成本資料及成本分配等三大部分。

如同約當產量，生產成本報告單也有加權平均法與先進先出法兩種編
製方法。范經理說明電動代步車之製造起始於車體部，然後再移轉到組裝
部繼續加工直到完成後，轉入製成品倉庫。直接原料於車體部生產初始即
全部投入，加工成本則於生產過程中平均發生。

一、加權平均法

程序1：數量資料、成本資料與約當產量之計算請參照表5-1。

程序2：彙總成本並計算單位成本。採用加權平均法時，期初在製品之前期成本與本期投入成本需先合併，再除以約當產量以計算單位成本，車體部成本合計及單位成本如表5-3。直接原料之單位成本係以期初在製品的直接原料成本$90,000 加上本期投入之直接原料成本$360,000，再除以直接原料約當產量5,000 單位而得$90。至於加工成本的單位成本以比照前述方式計算而得$50($235,000/4,700=$50）。

表 5-3　本期車體部成本合計及單位成本資料－加權平均法

	直接原料	加工成本	合計
期初在製品成本	$90,000	$ 59,000	$149,000
本期投入成本	360,000	176,000	536,000
成本總額	$450,000	$235,000	$685,000
約當產量	5,000	4,700	
單位成本	$90	$50	$140

程序3：分配總成本到製成品及在製品。根據程序2之資料，此一程序進而將總成本分配到本期完成轉入組裝部門之單位及車體部期末在製品之單位，其計算方式如下：

本期完工移轉至組裝部門成本：4,500 × $140 = $630,000

車體部期末在製品成本：合計 $55,000 × ($45,000 + $10,000)

直接原料：500 × $90 = $45,000

加工成本：200 × $50 = $10,000

在完成上述各程序後，車體部門依據加權平均法製作之生產成本報告單如表 5-4 所示，其中車體部完工並移轉至組裝部繼續加工之成本為$685,000。

表 **5-4** 本期生產成本報告單一車體部－加權平均法

數量資料	單位數	完工比率	直接原料	加工成本
期初在製品	500			
本期開始生產	4,500	60%		
合計	5,000			
本期完工	4,500	100%	4,500	4,500
期末在製品	500	−40%	500	200
合計	5,000		5,000	4,700

成本資料	直接原料	加工成本	合計
期初在製品成本	$90,000	$59,000	$149,000
本期投入成本	360,000	176,000	536,000
成本總額	$450,000	$235,000	$685,000
約當產量	5,000	4,700	
單位成本	$90	$50	$140

成本分配			合計
本期完成轉到組裝部之成本	4500×$140		$630,000
期末在製品成本			
直接原料	500×$90		$45,000
加工成本	200×$50		$10,000
成本總計			$685,000

二、先進先出法

程序**1**：數量資料、成本資料與約當產量之計算請參照表5-2。

程序**2**：彙總成本並計算單位成本。採用先進先出法時，產品單位成本係以當期投入成本除以當期約當產量而得，車體部成本合計及單位成本如表5-5。由於期初在製品之成本及其約當產量，均未列入本期單位成本計算，因此所算之單位成本為本期之單位成本，並沒有包含前期的部分。

程序**3**：分配總成本到製成品及在製品。採先進先出法計算當期各項成本要素的單位成本時，需扣除期初在製品的約當數量及成本。因此，本期轉出產品之成本，包括期初在製品前期投入成本、期初在製品於本期完成的成本、以及本期開始製造且完成的產

品之成本，均應分開計算列示。而期末在製品存貨，則按當期約當產量之單位成本計算。茲將總成本分配之情形見表5-5。

由上述各程序所得資料，車體部門依先進先出法所製作生產成本報告單如下表 5-5 所示：

表 5-5 本期生產成本報告單－車體部－先進先出法

數量資料	單位數	完工比率	直接原料	加工成本
期初在製品	500	100%, 60%		
本期開始生產	4,500			
合計	5,000			
期初在製品完工	500	0%, 40%	0	200
本期完工	4,000	100%	4,000	4,000
期末在製品	500	100%, 40%	500	200
合計	5,000		4,500	4,400
成本資料		**直接原料**	**加工成本**	**合計**
期初在製品成本		$90,000	$59,000	$149,000
本期投入成本		$ 360,000	$176,000	536,000
成本總額		$360,000	$176,000	$685,000
約當產量		4,500	4,400	
單位成本		$80	$40	$120
成本分配				**合計**
期初在製品成本				
期初在製品前期投入成本		$149,000		
期初在製品本期投入成本		8,000	{500×(1-60%)×$40}	
本期投入生產且完成之成本		480,000	{4,000×$120}	
本期完成轉到成型課之成本				$637,000
期末在製品成本				
直接原料		40,000	{500×$80}	
加工成本		8,000	{200×$40}	48,000
成本總計				$685,000

三、加權平均法與先進先出法之比較

在分別解說完加權平均法與先進先出法生產成本報告單之製作後，范經理總結一般實務上管理階層皆考慮公司實際需求，選擇較適用的方法，以使成本具有可信度。由於加權平均法之計算較先進先出法簡便，因此廣為實務界所採用。不過，如考慮成本控制，則先進先出法較加權平均法有效，主要係因先進先出法將本期投入之成本與期初在製品成本加以區分，且約當產量的計算也僅和當期發生之成本有關，故可做為成本控制之比較基礎。由於電腦資訊系統日益先進普及，先進先出法較為繁瑣之帳務處理皆可透過電腦輕易達成，使採用先進先出法之企業也日益增加。

為加深張總之印象，范經理更深入以約當產量、成本計算與成本分配三方面分析加權平均法與先進先出法兩者間之差異。

1. 約當產量

   採用加權平均法時，並不扣除屬於前期完工之部份，故無需再去分析期初在製品之完工程度。而在先進先出法下，計算約當產量時，期初在製品原已完工之約當產量應予以扣除，當期投入且完成的單位則另行計算。

2. 成本計算

   採用加權平均法時，成本包括來自前期未完工之成本，以及本期發生之成本，按要素類別彙總以計算單位成本。但先進先出法單位成本計算，僅考慮當期發生之成本，所以單位成本僅包括來自當期的成本因素，而期初在製品成本不必併入本期單位成本之計算，僅另行列計。

3. 成本分配

   採用加權平均法時，本期完成轉出之產品成本，其計算較為簡單，僅是將本期完成之單位數乘以加權平均單位成本即得。相對地，採用先進先出法時，本期完成轉出單位的成本計算，應分為期初在製品在前期及本期投入之總成本，以及本期開始投入生產且完成的成本兩個部分。

快時尚短命衣成環保殺手？澳洲公司以「椰子廢料」製成衣料纖維

快時尚近年來相當火紅，這讓衣服變成短命的拋棄式物品，並對環境帶來一定的傷害。時尚產業名列為全球第二大污染產業，僅次於石化工業，在華麗的櫥窗背後其實隱藏著許多社會成本，包含製造過程中的染色處理，到最後衣物賣不出去所造成的浪費，其實都為生態環境帶來沉重的壓力。

圖片來源：科技新報

為解決這樣的問題，澳洲生物科技公司 Nanollose 採用更環保的方式，利用椰子廢料開發出無植物的人造纖維織物，這和被廣泛使用的棉花相比，環境足跡要來得少許多。通常，為了製造出用於服裝與紡織品的人造纖維，必須砍伐無數的樹木、切碎，然後用危險的化學品處理，光是製造一件 T 恤就得耗掉 2,700 公升的水，這相當於一個人在兩年半時間內所喝的水量。而我們有可能在不砍伐樹木的情況下製造衣服嗎？ Nanollose 表示，「我們正開發一種獨家的技術，使用來自印尼的椰子副產品，經過合成後便能轉化成衣物可用的人造纖維」，據了解，該公司已經展示了第一批完全無植物纖維的衣物成品。

資料來源：匯流新聞網

5-5 後續部門增添原料之產量及成本計算

在聽取范經理以車體部為例說明生產成本報告單之製作後，張總對分步成本制已有完整概念，但好學的他不以此為滿足，繼續追問當車體部完工之半成品送至組裝部後之成本計算，范經理繼續解釋當後續部門需增添原料時，成本勢必會增加，但產量則有維持不變或是產量增加兩種可能，茲將此兩種狀況分述如下。

一、產出量不變

在產出量不變的情況下，後續部門製造的過程中增添原料，會使產品的單位成本隨之增加，因增添之原料已成為產品的一部分。范經理以組裝部為例，說明產出量不變之情況下，添加原料對於部門總成本與單位成本的影響。假設該生產數量與成本資料如表 5-6 所示，則部門之生產成本報告單按加權平均法編製如表 5-7。

表 5-6 本期組裝部生產數量與成本資料

數量資料		
期初在製品（原料 100% 投入，完工度 60%）	500 單位	
本期由車體部轉入	4,500 單位	
本期製成品	4,500 單位	
期末在製品（原料 100% 投入，完工度 40%）	500 單位	
成本資料		
期初在製品：		
車體部轉入成本	$70,000	
本部投入：直接原料	2,500	
加工成本	1,700	$74,200
本期投入：		
車體部轉入成本	$630,000	
本部投入：直接原料	22,500	
加工成本	13,810	666,310

表 5-7 本期組裝部生產成本報告單 – 產出量不變

數量資料	單位數	完工比率	車體部	直接原料	加工成本
期初在製品	500	100%, 60%			
車體部轉入	4,500				
合計	5,000				
本期完工	4,500	100%	4,500	4,500	4,500
期末在製品	500	100%, 40%	500	500	200
合計	5,000		5,000	5,000	4,700
成本資料			車體部成本	直接原料	加工成本
期初在製品成本			$70,000	$2,500	$1,700
本期投入成本			630,000	22,500	13,810
成本總額			$700,000	$25,000	$15,510
約當產量			5,000	5,000	4,700
單位成本			$140	$5	$3.3

成本分配					合計
製成品			4500×(140+5+3.3)		$667,350
期末在製品成本					
車體部轉入			500×140		70,000
直接原料			500×5		2,500
加工成本			200×3.3		660
成本總計					$740,510

二、產出量增加

范經理為強化張總之概念，運用另一個例子作為對比，假設組裝部於製程中增添原料後，連帶使得產出量增加（此案例實務上不可能），那麼單位成本亦將會隨之改變。所有的生產成本將由更多的產出量來吸收，產品之單位成本必然改變。范經理假設該部門增添原料後產量增加 1,000，則按加權平均法編製之生產成本報告單詳如表 5-8：

表 5-8　本期組裝部生產成本報告單－產出量增加

數量資料	單位數	完工比率	車體部	直接原料	加工成本
期初在製品	500	100%, 60%			
車體部轉入	4,500				
增加單位數	1,000				
合計	6,000				
本期完工	5,500	100%	5,500	5,500	5,500
期末在製品	500	100%, 40%	500	500	200
合計	6,000		6,000	6,000	5,700
成本資料			車體部成本	直接原料	加工成本
期初在製品成本			$70,000	$2,500	$1,700
本期投入成本			630,000	22,500	13,810
成本總額			$700,000	$25,000	$15,510
約當產量			6,000	6,000	5,700
單位成本			$116.67	$4.17	$2.72
成本分配					合計
製成品		5500×(116.67+4.17+2.72)			$679,580
期末在製品成本					
車體部轉入		500×116.67			58,335
直接原料		500×4.17			2,085
加工成本		200×2.72			(調整數)510
成本總計					$740,510

范經理提醒張總後續生產部門生產成本報告內容與前手生產部門非常類似，僅有下列差異應予以注意：

1. 後續生產部門生產成本報告中之數量資料部分與前手部門相同，惟前手部門之「本期完工」數量，在後續部門改為「XX 部門轉入」。

2. 在生產成本報告中之成本資料部分，後續生產部門較前手部門增加一個成本因素「前部成本」。

3. 後續生產部門約當產量及單位成本之計算較前手部門增加「前部成本」一項。

4. 由於移入後續部門之產品，必已於前手部門加工完成，故在後續部門中，不論是完工產品或在製品，其前部成本均已 100% 發生。

5-6 混合成本制及其成本流程

聽完了范經理對分步成本法的介紹後，張總想了想反問道：「有沒有可能公司同時採用分批成本制及分步成本制呢？」范經理面露嘉許的表情回答道：「此種成本制度稱為混合成本制，亦稱作業成本制（Operation Costing），係為因應市場多變的需求而須生產多樣化產品，各類產品原料因顧客要求而有所不同，但加工的方式卻採用類似的程序，如此對產品材料成本採分批成本制以生產批次進行累計，而加工成本則依分步成本制以生產步序或部門別進行累計。」

范經理進一步說明：「一般而言成衣廠、汽車廠、印刷業等產業較多採用混合成本制，因應客戶需求採少量多樣的生產方式，不同於分批成本制公司以客戶所指定的規格生產產品，亦不同於分步成本制公司大量生產同質產品，混合成本制每批次所耗用的原料聚有差異性，但每批次皆經過相同的加工過程，因此材料成本以分批方式處理，而加工成本則以分步方式處理。因加工方式採分步處理，須待期間結束方能計算各批次分配之加工成本，亦須計算約當產量才能計算單位加工成本。」

解釋完混合成本制的概念後，范經理又再次拿出紙筆解釋其會計流程及相關分錄，另其成本流程請參照圖 4-3。

1. 購買原料

   如同分批成本制，採購部門發出原料訂購單，會計部門根據驗收報告記載如下購料分錄：

原料	XXXXX	
應付帳款（或現金）		XXXXX

2. 領用原料

   銷售部門收到顧客訂單後，通知生產管理部門簽發生產通知單，並由生產單位填寫領料單請料加工。此時除將直接原料記入用料部門的在製品帳戶，並加註生產批號；間接原料另借記製造費用。例如，第一部及第二部兩加工部門同時為批號 A1 及 B1 領用原料的分錄如下：

在製品－第一部（A1） XXXXX	
在製品－第一部（B1） XXXXX	
在製品－第二部（A1） XXXXX	
在製品－第二部（B1） XXXXX	
材料	XXXXX

3. 人工成本

類似分批成本制，會計部門比對計時卡及以部門為單位的計工單，然後彙總各部門的直接人工成本記入該部門在製品帳戶，但需加註生產批號；間接人工成本另借記製造費用。例如，第一部及第二部兩加工部門同時為批號 A1 及 B1 耗用直接和間接人工成本的分錄如下：

在製品－第一部（A1） XXXXX	
在製品－第一部（B1） XXXXX	
在製品－第二部（A1） XXXXX	
在製品－第二部（B1） XXXXX	
製造費用 XXXXX	
應付薪資	XXXXX

4. 實際製造費用

與分批成本制同，當實際製造費用發生時，會計部門直接借記製造費用的分錄如下：

製造費用 XXXXX	
各類貸項	XXXXX

5. 分攤製造費用

已分攤製造費用是以各生產部門之實際作業水準，例如，直接人工小時，乘以實際製造費用分攤率或預計製造費用分攤率來計算，然後將此金額借記耗用製造費用部門別的在製品帳戶並加註生產批號，另貸記已分攤製造費用。例如，記載第一部及第二部兩加工部門同時為批號 A1 及 B1 分攤製造費用的分錄如下：

在製品－第一部（A1） XXXXX	
在製品－第一部（B1） XXXXX	
在製品－第二部（A1） XXXXX	
在製品－第二部（B1） XXXXX	
已分攤製造費用	XXXXX

6. 產品完工

當某批號產品完工轉入下一部門或製成品倉庫時，以該批號材料成本加計所應負擔的加工成本作為完工轉出金額，再由本部門在製品轉入

下一部門在製品或製成品倉庫。例如，第一部批號 A1 及 B1 完工轉入
第二部繼續生產，第二部批號 A1 及 B1 完工後再轉入製成品倉庫，其
分錄分別如下：

在製品－第二部（A1）	XXXXX	
在製品－第二部（B1）	XXXXX	
在製品－第一部（A1）		XXXXX
在製品－第一部（B1）		XXXXX
製成品	XXXXX	
在製品－第二部（A1）		XXXXX
在製品－第二部（B1）		XXXXX

7. 出售商品

當產品售出交運顧客後，會計部門根據開立的銷貨發票借記現金或應
收帳款，貸記銷貨收入，此時產品成本將由製成品帳戶轉至銷貨成本：

應收帳款	XXXXX	
銷貨收入		XXXXX
銷貨成本	XXXXX	
製成品		XXXXX

　　為加深張總之印象並與先前之分步成本法產生對比，范經理繼續以電
動代步車為例，目前生產提供兩種選擇性產品，一為三輪電動代步車，主
要以輕便好騎乘，便利生活機能為訴求。另一種為四輪電動代步車，除具
備基本款電動代步車功能外，更適合戶外中短距離代步時，強化舒適與安
全功能。此兩種電動代步車之製成作業雷同，僅於材料之需求上有所差
異。本期有兩個批次（A3 和 B4）投入生產，期初在製品與期末在製品的
相關成本及生產資料如表 5-9。期末在製品其原料部分已 100% 完工，唯
車體加工成本部分僅完工 50%。

　　需注意在表 5-9 所列式的算式中，由於三輪與四輪電動代步車在車體
加工作業上是相同的，故加工成本無需分別列示。但因此兩種電動車的直
接材料並不同，故於計算時需分別計之。三輪與四輪電動代步車總成本共
計 $724,987.5 元。此外，車體加工第一部門轉入第二部門之分錄如下：

在製品－第二部	368,025	
在製品－第二部	380,600	
在製品－第一部		368,025
在製品－第一部		380,600

表 5-9　生產成本報告單－混合成本制

數量資料	單位數	完工比率	直接原料	加工成本
期初在製品		(100%,60%)		
三輪車型	1,000			
四輪車型	500			
本期投入				
三輪車型	3,000			
四輪車型	4,500			
合計	9,000			
本期製成品				
三輪車型	3,500		3,500	3,500
四輪車型	4,000		4,000	4,000
期末在製品		(100%,50%)		
三輪車型	500		500	250
四輪車型	1,000		1,000	500
合計	9,000		9,000	8,250

成本資料				
直接原料		期初在製品	本期投入	合計
三輪車型		$30,000	$90,000	$120,000
四輪車型		10,000	90,000	100,000
加工成本		80,000	540,000	620,000
成本總額		$120,000	$720,000	$840,000
直接原料		成本總額	約當產量	單位成本
三輪車型		$120,000	4,000	$30
四輪車型		100,000	5,000	20
加工成本		620,000	8,250	75.15

成本分配	直接原料	加工成本	合計
製成品成本			
三輪車型	$105,000a	$263,025e	$368,025
四輪車型	80,000b	300,600f	380,600
在製品			
三輪車型	15,000c	18,788g	33,788
四輪車型	20,000d	37,575h	57,587i
成本總計			$840,000

a：3,500 × 30　　c：500 × 30　　e：3,500 × 75.15　　g：250 × 75.15　　i：調整數
b：4,000 × 20　　d：1,000 × 20　　f：4,000 × 75.15　　h：500 × 75.15

　　在先後瞭解了分步成本制及混合成本制，再加上前次學到的分批成本制，張總對於成本制度已不再惶恐陌生，除了佩服范經理這多年來累積的專業知識以及毫不藏私的解說，張總對於公司的成本制度及流程亦有了更深刻的瞭解，但張總並不以此為滿足，如何將成本資訊運用於日常管理成為張總一直在思考並成為下一個待克服的目標。

問題討論

完工百分比率適用之探討

　　瑞展工業股份有限公司的電動代步車事業部區分為車體部及組裝部，每部各有四個生產班進行連續生產，每個月結束時，各班班長需彙整計算生產報告及生產成本報告，廠管理課根據這些報告來計算每班完工之約當單位，及直接材料與加工成本之約當單位成本，各部表現最佳之生產班將有額外獎勵金，實施後雖在競爭下使產量提升及成本降低，但現場員工亦開始謠傳某些班長企圖操縱完工比率以爭取獎金。

問題一：

　　班長如何操縱每月完工百比率？

問題二：

　　車體部廠長聽聞傳言後，馬上召集各班班長討論現場傳言，是否恰當？

討論：

　　身為生產現場之管理幹部，有責任將生產之實況忠實表達予管理階層，以利管理階層進行因應與調整，管理幹部可說是介於員工與管理階層間的溝通橋樑，在日常管理方面，除充分授權現場人員主導日常生產活動，亦要透過管理技巧之運用確認各項生產成果之正確性。

本章回顧

　　分步成本制係以生產部門為成本中心按生產部門來累積及計算產品成本。在此制度下，成本標的是相同或相似的產品或勞務之集合，由於其產品規格均已標準化，投入的原料以及加工的步驟亦相當固定，因此對於直接原料及直接人工成本，我們無需大費周章地將之歸屬至特定的訂單或生產批次。

　　分步成本制的成本步驟如下：首先是彙總產出之實體單位數量，並區分為總投入及總產出；其次則是計算約當產量。約當產量係指以「一個完工產品所耗用的生產要素」作為衡量單位所計算之生產數量，可採用加權平均法或先進先出法計算；第三步驟則是彙總成本資料，將該部門之成本予以累計；第四步驟則為計算單位成本，將投入成本除以相對應之約當產量以計算單位成本；最後則將成本分攤至已完工單位及在製品單位。

　　最常見的分步成本制為加權平均法與先進先出法。加權平均法係將期初在製品及本期生產之產品成本合併計算，故本期完工的製成品不需區分為來自期初在製品的部分，以及本期開始製造且完工的部分，故其計算方式較先進先出法簡便。分步成本制依據彙總期初在製品及本期製造且完工的單位數、計算約當產量、彙總所有待分配的總成本、計算每一約當產量成本、將成本分配到轉出的產品等步驟，將成本分配到期末在製品存貨與製成品。

　　混合成本制，又稱作業成本制，係公司應付市場多變的需求而生產多樣化產品，各產品原料因顧客要求而有所不同，但加工方式卻採用類似的程序，如此對產品材料成本採分批成本制以生產批次進行累計，而加工成本則依分步成本制以生產步驟或部門別進行累計，為兼採分批與分步之成本會計制度。

本章習題

一、選擇題

( ) 1. 甲公司 9 月份新開一生產線生產新商品，此商品需由二部門製造，A 部門生產之產品需移至 B 部門繼續加工始成製成品。甲公司採分步成本制計算產品成本。在 9 月份，A 部門投入生產 20,000 單位，其中 14,000 單位轉入 B 部門，6,000 單位為期末在製品（直接原料成本於開始時即 100% 投入，加工成本完工程度 50%）。9 月份 A 部門發生直接原料成本 $54,000，加工成本 $79,000。試問 9 月份由 A 部門轉入 B 部門之總成本為何？

    (A) $93,800　(B) $103,600　(C) $107,200　(D) $114,240。　　（100 普考）

( ) 2. 甲公司採分步成本制，所有的直接原料均在製程開始時投入，加工成本則於製程中平均發生。該公司 7 月初在製品為 30,000 單位（完工程度 5/6），其中直接原料成本為 $180,000，加工成本為 $450,000。7 月份完工 75,000 單位，7 月底在製品 45,000 單位（完工程度 2/3）。7 月份投入之直接原料成本為 $540,000，加工成本為 $1,440,000。該公司 7 月份以加權平均法計算單位成本時，試問直接原料之約當產量單位成本為何？

    (A) $4.50　(B) $6.00　(C) $8.00　(D) $9.60。　　（100 普考）

( ) 3. 甲公司有期初在製品 40,000 單位，加工成本已投入 50%；本期投入生產240,000 單位，期末在製品 25,000 單位，加工成本已投入 60%。所有的直接原料均已在製程開始時投入。則使用加權平均法計算的加工成本約當產量為多少單位？

    (A) 235,000　(B) 255,000　(C) 270,000　(D) 275,000。　　（100 普考）

( ) 4. 下列那一行業適合採用分步成本制？

    (A) 汽車修理廠　　　　　　(B) 食品加工廠

    (C) 顧問公司　　　　　　　(D) 會計師事務所。　　（106 普考）

( ) 5. 甲公司生產單色鐵罐與彩色鐵罐，兩種鐵罐均需經 A、B、C 三部門依序加工始完成，每一單位單色鐵罐所需加工時數為一小時，且彩色鐵罐所需之加工時數為單鐵罐的二倍。該公司採作業成本制（operation costing），本期 A、B、C 三部門之加工成本分別為 $90,000、$60,000、$30,000，無期初與期末在製品。本期直接材料的投入如下：

批號	品名	數量	投入直接材料成本
100	單色鐵罐	10,000	$70,000
101	彩色鐵罐	20,000	$140,000

則彩色鐵罐之單位製造成本為何？

(A) $12.5　(B) $13　(C) $14.2　(D) $15。　　　　　　　（106 地特四等）

( ) 6. 乙公司十月份有關存貨成本資料如下：

	十月初	十月底
直接原料	$2,000	$3,000
在製品	4,800	3,900
製成品	2,800	2,500

十月份其他資料如下：

(1) 直接原料進貨 $5,000

(2) 直接人工成本 $3500

(3) 製造費用 $4600

則乙公司十月份之製成品成本為多少？

(A) $4,000　(B) $12,100　(C) $13,000　(D) $13,300。　　　　（106 高考三等）

( ) 7. 甲公司採分步成本制，所有的直接原料均在製程開始時投入，加工成本則於製程中平均發生。該公司 3 月份投入生產 34,000 單位，3 月初無在製品存貨，3 月底在製品存貨 4,000 單位（完工程度 60%）。3 月份投入之直接原料成本為 $510,000，加工成本為 $712,800。該公司以加權平均法計算單位成本，試問期末在製品存貨成本為何？

(A) $53,280　(B) $88,800　(C) $112,800　(D) $148,000。　　　　（105 地特四等）

( ) 8. 若甲公司採加權平均法之分步成本制，以下為其產品生產工序中最終加工部門之本期數量資料：

期初在製品（1/2 完工，含加工成本 $20,000）　　　　　200 單位

前部轉入　　　　　　　　　　　　　　　　　　　　3,400 單位

期末在製品（1/4 完成）　　　　　　　　　　　　　　?單位

另該部門本期發生加工成本 $150,000，無損壞發生，若本期完成品之加工成本為 $160,000，則期末在製品之單位數為何？

(A) 680 單位　(B) 720 單位　(C) 750 單位　(D) 780 單位。（105高考三等）

(　) 9. 有關作業成本制之敘述，下列何者正確？

(A) 作業成本制適用生產單一產品、單一加工程序之公司

(B) 當製造商生產工、料相同，僅顧客有異之多種產品時，適用作業成本制

(C) 在作業成本制下，加工成本均按分批成本制度之程序，以部門作為單位予以累積

(D) 作業成本制係將分批成本制度與分步成本制度之觀念混合，而計算產品成本之制度。　　　　　　　　　　　　　　　　　　　　　（105 普考）

(　) 10. 甲公司採先進先出法計算產品成本，甲部門生產之產品需移至乙部門繼續加工始成製成品。X1 年 10 月份乙部門有期初在製品 2,400 單位（完工程度 30%），完工產品 8,200 單位，期末在製品 1,200 單位（完工程度 75%），若期初在製品的前部成本為 $188,376，本期發生前部成本 $439,762，則期末在製品每單位之前部成本為何？

(A) $46.78　(B) $48.65　(C) $53.62　(D) $62.82。　　　（105 普考）

二、計算題

1. 甲公司採分步成本制，以加權平均法計算產品成本，該公司 7 月份相關資料如下：

	實體數量	約當產量	
		直接原料	加工成本
完工轉出	360,000	360,000	360,000
期末在製品	120,000	120,000	54,000

所有直接原料於製程一開始即全部投入，加工成本於製程中平均發生。甲公司已投入之直接原料成本為 $1,920,000；每（約當產量）單位加工成本為 $8。

試求：

(1) 甲公司 7 月份完工轉出成本。

(2) 甲公司 7 月底期末在製品之完工百分比。　　　　　　（100 普考）

2. 甲工廠生產一種產品，採分步成本制，設置兩個檢驗點，第一個檢驗點於加工至 50%
時實施，第二次檢驗則於完成時實施。X1 年 1 月有關資料如下：

數量資料		成本資料	
本期投入生產	10,000 單位	原料（製造一開始一次投入）	$400,000
本期製造完成	5,500 單位	加工成本	$261,000
期末在製品（完工 70%）	1,000 單位		
第一檢驗點（正常損壞）	2,000 單位		
第二檢驗點（500 單位為 非常損壞）	1,500 單位		

根據以上資料計算：

(1) 原料約當產量。

(2) 加工成本約當產量。 （102 地特三等改編）

3. 甲公司有兩個部門皆採用分步成本制計算存貨成本。原料於生產開始時投入，加工成
本則於製造過程中平均發生。甲公司於完工程度達 30% 時進行檢驗，對所發現之任何
損壞品一律廢棄，而正常損壞品為達到檢驗點完好品之 10%。其正常損壞品成本全部
由完好產品吸收。而非常損壞品之成本則列為當期費用。下列為甲公司第二部門今年
度 7 月份之相關資料：

	單位數	材料	加工成本
月初在製品（完工 60%）	3,000	$25,000	$8,200
月底在製品（完工 40%）	5,000		
本期投入	15,000	75,000	58,200
本期完工轉出	8,000		

試求：

(1) 請採用先進先出法計算該公司 7 月份之轉出單位總成本。

(2) 請採用先進先出法計算該公司 7 月份之非常損壞成本。 （104 普考）

4. 甲皮鞋廠製造各款式鞋款，生產皮鞋作業使用分步成本制，共分成三個生產部門。皮
鞋的皮件首先在裁切部門製造後，轉入模型部門進行加工，最後送至包裝部門完成皮
鞋製造。甲皮鞋廠採用加權平均法之分步成本制來計算單位成本。以下為 103 年 7 月
模型部門的生產及成本資料：

生產資料		
期初存貨	8,000 單位	（加工成本完工 90%）
本月轉入	22,000 單位	（轉入完工 100%）
轉出至包裝部門	24,000 單位	
期末存貨	4,500 單位	（加工成本完工 20%）

成本資料			
	前部轉入	直接原料	加工成本
期初存貨	$40,800	$24,000	$4,320
本月投入	113,700	53,775	11,079
總和	$154,500	$77,775	$15,399

模型部門於完工 75% 時候加入原料，加工成本於生產過程中投入。當完工 80%，損壞之皮鞋被檢查出來，所有模型原料在此時已完全投入。損壞皮鞋的正常損壞數量是所有到達檢查點數量之 6%。任何超過 6% 之損壞量為非常損壞。所有損壞之皮鞋生產過程中移除並予以摧毀。試問：

(1) 正常損壞單位數。

(2) 異常損壞之成本。

(3) 製成品成本。

(4) 期末在製品成本。 （103 高考三等）

5. 甲公司採分步成本制，直接原料於製程一開始即全部投入，加工成本則於製程中平均發生。X1 年 4 月份相關資料如下：

成本資料：

	期初在製品	本期發生
直接原料	$87,520	$1,051,680
加工成本	47,560	765,080

數量資料：

期初在製品　　　　14,400 單位（完工 30%）

本月投入生產　　　128,000 單位

期末在製品　　　　17,400 單位（完工 60%）

若甲公司採加權平均法，試作：

(1) 計算直接材料與加工成本之單位成本。

(2) 計算完工轉出成本。

(3) 計算期末在製品成本。 （102 普考）

6. 甲公司生產某項產品，包括豪華型、精緻型與實用型三類。在加工步驟方面，豪華型須依序經過成型、修整、烤漆與完成等四個完整生產步驟，而精緻型只需成型、修整與完成等三步驟；另實用型則只需經過成型與完成此二步驟即可。此三型式產品在需處理之每一生產步驟中所耗費之單位資源完全相同，所需材料也都是在各該步驟啟動時就一次全部投入。根據此種製造特性，甲公司採作業成本制記錄三種型式之產品成本。以下係 5 月份之生產單位：

豪華型	精緻型	實用型
5,000	6,000	4,000

當月份各生產步驟之成本如下：

	成型	修整	烤漆	完成
直接材料	$900,000	$250,000	$100,000	$800,000
加工成本	600,000	300,000	300,000	325,000

試作：（單位成本若不能整除，請一律四捨五入至小數點後第二位）

(1) 請計算 5 月份每種型式產品之單位成本。

(2) 設單位成本同 5 月份，惟於 6 月底時豪華型尚有 500 單位在製品存貨，該產品已經於烤漆步驟中完工 70%；實用型亦有 1,000 單位之在製品，該產品已於完成步驟中完工 30%。請問 6 月底時，豪華型與實用型期末在製品存貨成本各為若干？

（101 高考）

7. 甲公司製造汽車零件，採先進先出分步成本制度計算成本。原料於開始生產即投入，加工成本則於製造過程中均勻發生。正常情況下損壞品為完好品的 12 %，而產品必須於完工檢驗後才能判定是否為損壞品。X1 年 3 月相關資料如下：

	數量（件）	成本
月初在製品	350	
直接原料（100% 完工）		$76,000
加工成本（40% 完工）		21,000
本月開始生產	1,500	
完工轉至下一部門	1,300	
月底在製品	250	
直接原料（100% 完工）		
加工成本（60% 完工）		
本月生產成本		
直接原料		562,500
加工成本		180,320

根據以上資料計算：

(1)材料的單位成本。

(2)加工成本的單位成本。

(3)完工轉至下一部門之成本。

(4)月底在製品成本。　　　　　　　　　　　　　　　　　　（102 高考）

8. 甲公司期初在製品計有 11,000 單位（完工程度為 25%），本期再投入 74,000 單位進行加工，本期共完工 61,000 單位，期末在製品為 16,000 單位（完工程度為 75%），該公司正常損壞數為本期通過檢驗點完好產品之 10%。下面個情況分別獨立，請分別計算在不同情況下甲公司之非常損壞單位數：

(1) 情況一：檢驗點為完工 20% 時。

(2) 情況二：檢驗點為完工 50% 時。

(3) 情況三：檢驗點為完工 90% 時。　　　　　　　　　　（99 三等關務）

9. 甲公司採用分布成本制度，該公司第一生產部門在 X1 年 5 月底有在製品 3,000 單位，相關資料如下：

	完工程度	約當單位成本
材料	100%	$19.20
加工	60%	15.75

X1 年 6 月份第一生產部門生產成本報告之部分資料如下：

月底在製品數量	4,000
完工程度：材料	100%
加工	50%
本月投入成本：材料	$336,600
加工	$260,010

甲公司採用先進先出法，其第一生產部門 6 月份材料及加工之約當產量分別為 17,000 與 16,200 單位，試求該部門下列的數量及成本（需列示分析過程，否則不予計分）

(1) 6 月份完工並轉出產品的數量。

(2) 6 月份新投入生產的數量。

(3) 完工並轉出產品之成本。

(4) 期末在製品成本。 （103 會計師）

10. 甲公司採用作業成本制製造三種規格之 T 恤：大號、中號及小號。三種規格之 T 恤序需經過「裁剪、組裝與完成三種作業。材料在生產開始時即全部投入。公司某年度 4 月份加工成本分配到三種作業的情形如下：

作業	直接人工	製造費用
裁剪	$25,000	$21,400
組裝	65,000	45,000
完成	100,000	55,200

4 月份無期初在製品存貨，直接材料成本與存貨數量如下：

規格	直接材料	製成品	期末在製品
小號	$12,500	2,000 件	500 件
中號	70,000	5,000 件	2,000 件
大號	210,000	10,000 件	4,000 件

目前期末在製品中，小號 T 恤尚在裁剪作業中，完工百分比為 40%；中號 T 恤尚在組裝作業中，完工百分比為 50%；大號 T 恤尚在完成作業中，完工百分比為 60%。

試作：

(1) 計算 4 月份裁剪，組裝與完成作業之單位加工成本。

(2) 計算三種不同規格 T 恤之單位成本。

(3) 計算三種不同規格 T 恤之完成品成本與期末在製品成本。　　　　（105 會計師）

CHAPTER 6 標準成本制

學習目標 讀完這一章，你應該能瞭解

1. 標準成本之功能。
2. 預算之精神，及其重要性。
3. 瞭解何謂靜態預算以及其缺點。
4. 說明彈性預算的精神，以及在管理決策上的意義。
5. 直接原料成本、直接人工成本的標準與差異分析。
6. 變動製造費用、固定製造費用的標準與差異分析。

引言

黃經理（業務部）：「自 2018 年中美貿易戰進入白熱化後，本公司的銷售開始受重大影響，初估 2019 年的業績雖可有起色，但未來的營業額仍不甚樂觀，預計 2020 年只能比 2019 年成長 10%。」

范經理（財務部）：「我們都知道中美貿易戰的衝擊還沒結束，相信明年仍然是充滿挑戰的一年。我的問題是，我們包括 ERP 系統加強以及員工教育訓練的開銷費用，將遠超過預估營收的成長，要如何維持合理的公司運作，可能非得從生產成本著手，這部分我想聽聽廠務部的意見。」

陳廠長（中科廠）：「今年的產能利用率約 80%，依黃經理的營運展望，明年大概 50% 就已足夠，若景氣復甦力道強，則產能利用率可達 60-65%。各位知道，我們的生產成本有很大的比重是固定成本，包括人事成本、機器設備保養、折舊等，這些固定成本是無法隨產能下降而下降的！生產成本如果要下降，除非裁員。」

彭副總：「或許我們可以考慮裁減考績較差的後 5% 員工，這樣對成本應該有顯著的影響，財務部可不可以先作一下各種模擬方案…。」

張總經理：「慢著！這是我最不願意聽到的，我們工廠裡多的是跟著瑞展二、三十年的老員工，各位要知道每一個員工背後都有一個家庭，除非是績效真的爛到不行，否則沒有到最後關頭，千萬不要提裁員這兩個字。」

范經理：「總經理請別緊張，針對營運業績下滑問題，適度的成本控管是必要的，而預算與標準是管理人員用以控制成本之最有效的兩大利器，在著手降低成本之前，我先來為您介紹標準成本與預算的功能，再作各種產能下，以及各種成本節省方案之呈報。」

6-1 標準成本之功能

標準成本係指為達成某一目標預計應耗用之資源的成本，許多企業就透過所謂的「標準成本」制度，來協助管理人員評估成本控制的成效。標準成本一直被廣泛地應用在績效評估、成本控制以及預算規劃上。一般而言，標準之制定可採用下列三種基礎：

一、理想標準

理想標準又稱理論標準，係指在企業營運過程中，不允許任何浪費或無效率產生。此項標準完全排除現實中可能發生之延遲、機器故障、損耗、人工休息等不可控制情況，由於過於嚴苛，以此標準所作之差異分析常不具任何意義。

二、過去績效標準

過去績效標準係指以上期或過去若干期平均之實際資料為依據所設定之標準。過去之績效可能包含無效率或高效率之情況，不一定是正常狀況下應有之成本，故以之為標準並不一定合理。而且，若員工得知其目前之績效將成為評估未來績效之標準時，在惰性心態下為避免被設定未來不易達成之標準，將不願努力提升目前之效率。

三、現行可達成標準

此項標準由於已考慮如前述之不可控情況，因此藉由努力及較高效率即有達成可能，並可因外在因素如原料價格、技術革新等變動而隨之作必要之修正，具有相當彈性，故採用此標準於評估績效較能有效激勵員工，用於決策釐訂亦較能不偏離現實，故為較適切之標準。

經由前述的說明，范經理總結標準成本的建立目的在於成本的規劃與控制，標準成本的建立可幫助企業達成下列目的：建立標準以求提昇績效、規劃及控制成本、成本預測及售價擬訂參考、節省帳務處理成本及落實責任會計。

說明完標準成本的功能後，范經理對張總再三強調，標準之訂定必須慎重，不但要避免訂定過高標準以免員工在達不到標準的挫折感下產生自暴自棄的態度；更要防止標準過於寬鬆而使員工懈怠。因此標準的訂定必須跨越所有部門進行整體性的思考，整合各部門的意見以追求公司最大效益為出發點進行標準訂定。再者，由於產業環境隨時改變，所以標準建立之後，仍需定期加以檢討修訂。

成會焦點

鴻海突圍 將調降人力成本

圖片來源：鴻海集團官網

鴻海集團因應 2019 年全球經濟情勢恐受美中貿易戰等不確定因素帶來的考驗，近期提前針對高階人事最佳化、降低人力成本與固定費用等領域擬出四大策略，並啓動系列對應專案，藉此在國際局勢動盪之際，鴻海集團仍能永續經營。

據了解，鴻海集團此次擬出的四大策略，除了希望藉此帶來更多經營正面助力之外，也是積極落實集團總裁暨鴻海董事長郭台銘定調「扎實工作年」的第一年計畫。

美中貿易戰升溫，鴻海內部高階主管已提出數套應對措施，首先，內部檢討高年薪人員貢獻價值程度。業界傳出，不少總經理、副總以及副總裁等級的管理層，皆在逐一檢討名單內，並已有對應安排，惟細節並未獲得鴻海證實。

其次，外傳在人力檢討上，對非技術職、間接人員及文員等人力成本管控，目標相關成本降低約一成，系列計畫目標在今年內達成。第三，擬訂固定費用減少二成的計畫。第四則是各次集團先後召開動員大會，加強檢討系列工作績效。

郭董在年初與今年股東大會上已多次宣誓，鴻海集團已訂出未來三年扎實的工作年計畫，同時年初揮毫的春聯也呼應啓動「提質、增效、降本、減存、雲端人智慧為競爭力」，以及「關鍵有效微觀納米海量大數據乃新能源」系列策略，並分別對應運用雲端運算、奈米、大數據與 AI 結合智慧製造新技術，以提高在全球的競爭力。

資料來源：經濟日報

6-2 標準成本與預算

遇到中美貿易戰的衝擊，編製預算將面對更大的不確定性，相信這不只是瑞展公司才有的現象。編製預算是企業常用的策略執行工具，將組織預期完成的活動或計畫加以量化，有助於協調計畫的執行。預算包括這些計畫的財務面與非財務面的量化資訊，財務面的資訊預算所編出來的財務報表也稱作擬制性財務報表（pro forma statements）。例如：預計損益表、預計資產負債表等，非財務面預算，例如：生產數量、員工人數、可容忍的不良率等。經過縝密編製的預算，若達不到，便是效率不佳，屬於執行面的績效考核問題，但若未來實際情形與編製預算時的假設不一致時，那預算作為績效評估標準就不切實際了。因此預算最好能因應實際情境的變化而能彈性調整，這就是彈性預算的精神。聽到這裡，張總著急著問：「那麼到底什麼是彈性預算呢？」范經理回答：「不急不急，我這就為您介紹」

彈性預算（flexible budget）是在編製預算時，預估一段區間內的各種產能水準，編製各產能水準下的預算，故預估次期實際產出的水準並非唯一。而靜態預算（static budget）也稱作整體預算（master budget），其特點則是在編製預算時，僅依據預期的單一作業水準為基礎所編製的預算。這裡所指的作業水準，可能是銷售水準或者是生產水準。預算的編製，通常從銷售水準的預測（銷貨收入預算）開始，接著編製生產成本預算、管銷費用以及其他各項費用預算、最後才得到預計營業淨利。彈性預算制度下，實際數與預計數比較時，因為產能基礎一樣，故相較於靜態預算，較具意義，因在同樣產能基礎下，比較收入與各項成本的差異分析，才能真正看出經理人的績效。

說到這裡，范經理再向張總補充說明，預算與標準，兩者均為企業用以管理控制之工具，且良好的預算制度須搭配使用標準成本方能發揮功效；預算與標準兩者不同處，在於標準以單位金額為基礎，但預算則為總額的概念，此外，標準為估計未來「應當的成本」，而預算則為估計未來「可能的成本」。

專有名詞

彈性預算（flexible budget）
是在編製預算時，預估一段區間內的各種產能水準，編製各產能水準下的預算，故預估次期實際產出的水準並非唯一。

　　預算與標準成本的觀念，可計算出的各種差異分析，其間的關係詳如圖 6-1。從圖 6-1 中可以看出，預算成本制的主要內容即是在探討靜態預算差異，他包含了銷售數量差異與彈性預算差異兩大部分；其中，在探討彈性預算差異部分又可獨立出來，稱爲標準成本制。關於在標準成本制下，直接原料、直接人工、變動製造費用以及固定製造費用的差異分析方法與應用，將在下一節中介紹；而預算成本制的架構下，靜態預算與彈性預算的差異應用，則留待第 11 章說明。

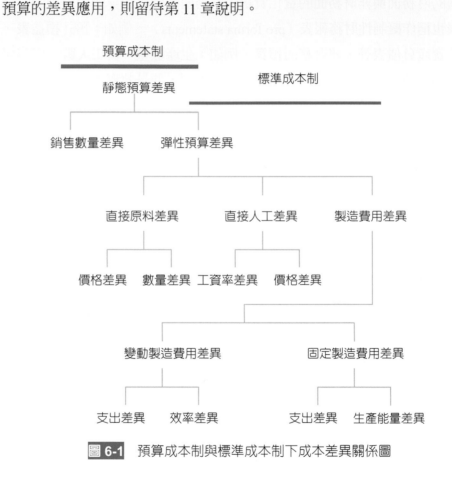

圖 6-1 預算成本制與標準成本制下成本差異關係圖

6-3 標準成本制

在還未開始介紹彈性預算差異（標準成本差異）的重頭戲之前，范經理開宗明義的說明：「凡屬合理的生產要素例如：直接人工、直接材料及製造費用，皆可用以作爲標準。當標準以投入量表達，即爲數量標準；若以單位價格表達，即爲價格標準；若以成本金額表達，即爲成本標準。」

價格和數量的標準一般皆分開考慮，係因價格和數量的發生時點不同、以及責任部門亦不同所致。以原料爲例，價格由採購部門於購買時議定，但耗用量則是在廠務部門投入生產時方才發生，發生時點不同且責任部門亦不同，因此有必要將此兩項標準分別評估。標準建立後，即可與實際發生數比較，進行差異分析。

爲便於張總理解，范經理另外拿出紙筆藉由圖解進行更詳細的說明，圖 6-2 列示成本差異分析。其中，實際（Actual，簡稱 A）成本與標準（Standard，簡稱 S）成本的差異數〔（AQ × AP）－（SQ × SP）〕稱爲總差異（total variance），係由價格差異及數量差異所組合而成。

價格差異（Price variance ）是指實際成本與「以實際數量爲基礎之預算成本」的差異數，亦即實際投入數量之實際價格與標準價格的差異〔AQ × （AP － SP）〕。而數量差異（volume variance）則是指以實際數量爲基礎之彈性預算成本與標準成本的差異數，亦即在標準價格下，實際投入數量與標準投入數量之差異〔SP × （AQ － SQ）〕。當實際成本小於標準成本稱爲有利差異（Favorable Variances），以（F）表示在差異數之後；當實際成本大於標準成本則爲不利差異（Unfavorable Variances），以（U）表示在差異數之後。

> **專有名詞**
> 價格差異（Price variance）
> 是指實際成本與「以實際數量爲基礎之預算成本」的差異數，亦即實際投入數量之實際價格與標準價格的差異〔AQ × （AP － SP）〕。

> **專有名詞**
> 數量差異（volume variance）
> 則是指以實際數量爲基礎之彈性預算成本與標準成本的差異數，亦即在標準價格下，實際投入數量與標準投入數量之差異〔SP × （AQ － SQ）〕。

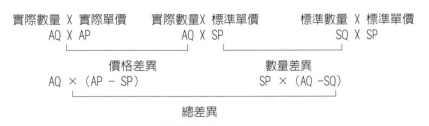

圖 6-2 成本差異分析

一、直接原料成本標準與差異分析

為了讓張總更能清楚的了解，范經理以公司生產電動代步車的電源線為例，該生產部門預估本期該電源線的銷售量為 5,000 尺。每一尺電源線所使用的直接原料、直接人工和變動製造費用之各項標準如下表 6-1：

表 6-1 直接原料、直接人工和變動製造費用之各項標準

成本項目	數量標準	價格標準	成本標準
直接原料	5 尺	$20/ 尺	$100
直接人工	0.5 小時	$120/ 人工小時	$60
變動製造費用	1.0 小時	$120/ 機器小時	$120

公司本期實際以每尺 $18 購進 27,000 尺的直接原料，並投入生產。本期直接原料成本用料差異分析列示於圖 6-3。

實際投入數量 × 實際價格 （AQ X AP） 27,000尺×18 =486,000	實際投入數量 ×標準價格 （AQ XSP） 27,000尺×20 =540,000	實際產出所允許之標準投入數量 ×標準價格 （SQ X SP） 25,000尺×20 =500,000

價格差異 54,000(F)　　　　　　數量差異40,000(U)

總差異$14,000(F)

圖 6-3 直接原料成本差異分析

（一）直接原料價格差異

直接原料價格差異係指在一定期間內，實際購買價格與依據價格標準所應支付成本之差額。從圖 6-3 可知，此差額可按下列公式計算之：

$$直接原料價格差異 = AQ \times AP - AQ \times SP$$
$$= AQ \times (AP - SP)$$
$$= 27,000 尺 \times (\$18 - \$20)$$
$$= \$54,000 (F)$$

（二）直接原料數量差異

直接原料數量差異亦可稱為直接原料效率差異，係指在一定期間內，直接原料以實際數量為基礎的彈性預算成本與其標準成本的差額。

從圖 6-3 可知，數量差異可按下列公式計算：

直接原料數量差異 = AQ × SP − SQ × SP

$\qquad\qquad\qquad$ = （AQ − SQ ）× SP

$\qquad\qquad\qquad$ = （27,000 尺 − 5,000 尺 × 5 尺）× $ 20

$\qquad\qquad\qquad$ = $40,000（U）

（三）直接原料總差異

直接原料總差異（Direct material total variance）亦稱為直接原料彈性預算差異（direct material flexible-budget variance），係指在某特定期間內，直接原料價格差異與數量差異之和。本例中之直接原料總差異可計算如下：

直接原料總差異 = 有利的價格差異 $54,000 + 不利的數量差異 $40,000

$\qquad\qquad\qquad$ = $ 14,000（F）

在標準成本制度下，直接原料成本差異之會計處理依總分類帳系統應設置若干差異科目，用以記錄各項成本差異。在進料時，記錄進料價格差異；而在生產部門領用原料時，記錄原料數量差異（或亦同時記錄用料差異）。

茲將該部門之有關原料差異的相關分錄列示於下。

記載進料之分錄：

直接原料（或原料）	540,000	
應付帳款		486,000
進料價格差異		54,000

記載原料領用之分錄：

在製品	500,000	
直接原料數量差異	40,000	
直接原料		540,000

二、直接人工成本標準與差異分析

該部門本期記錄之直接人工工作時數為 2,800 小時，實際直接人工成本為 $420,000，相關直接人工各項標準見表 6-1，該月份之直接人工成本差異分析列示於圖 6-4。

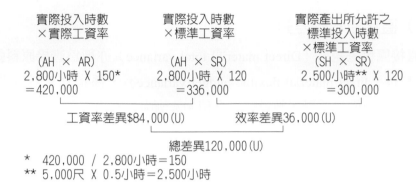

$$實際投入時數 \times 實際工資率 \qquad 實際投入時數 \times 標準工資率 \qquad 實際產出所允許之 標準投入時數 \times 標準工資率$$

(AH × AR)	(AH × SR)	(SH × SR)
2,800小時 X 150*	2,800小時 X 120	2,500小時** X 120
＝420,000	＝336,000	＝300,000

工資率差異$84,000(U)　　　　效率差異36,000(U)

總差異120,000(U)

* 420,000 / 2,800小時＝150
** 5,000尺 X 0.5小時＝2,500小時

圖 6-4 直接人工成本差異分析

（一）直接人工工資率差異

直接人工工資率差異（Direct labor rate variance）係指實際發生之直接人工成本與以實際直接人工小時為基礎之彈性預算成本間的差額。例如，從圖 6-4 得知，此差額在本例中可按下列公式計算：

$$直接人工工資率差異 = AH \times AR - AH \times SR$$
$$= AH \times (AR - SR)$$
$$= 2,800 \text{小時} \times (\$150 - \$120)$$
$$= \$84,000 \text{（U）}$$

（二）直接人工效率差異

直接人工效率差異（direct labor efficiency variance）係指「以實際直接人工小時為基礎之彈性預算成本」與標準成本間之差額。由圖 6-4 可知，此差額在本例中可按下式計算之：

$$直接人工效率差異 = AH \times SR - SH \times SR$$
$$= (AH - SH) \times SR$$
$$= (2,800 \text{小時} - 2,500 \text{小時}) \times \$120$$
$$= \$36,000 \text{（U）}$$

（三）直接人工總差異

直接人工總差異（Direct labor total variance）亦稱為直接人工彈性預算差異（direct labor flexible－budget variance），係指直接人工工資率差異與效率差異之和。從圖 6-4 可知，本例中之直接人工總差異可計算如下：

直接人工總差異 = 不利的工資率差異 $84,000 + 不利的效率差異 $36,000

= $120,000（U）

范經理最後將本期之直接人工差異的相關分錄簡單列示於下，記載發生直接人工成本及各項差異之分錄：

在製品	300,000	
直接人工工資率差異	36,000	
直接人工效率差異	84,000	
應付薪資		420,000

三、變動製造費用標準與差異分析

該部門本期產出 5,000 尺，實際耗用 5,500 機器小時，實際發生之變動製造費用總額為 $715,000，該月之變動製造費用差異分析列示於圖 6-5。

實際投入時數　　　　　實際投入時數　　　　　實際產出所允許之
×實際分攤率　　　　　×標準分攤率　　　　　標準投入時數
　　　　　　　　　　　　　　　　　　　　　×標準分攤率
（AH × AR）　　　　　（AH × SR）　　　　　（SH × SR）
5,500小時 X 130*　　　5,500小時 X 120　　　5,000小時** X 120
=715,000　　　　　　　= 660,000　　　　　　= 600,000

支出差異$55,000（U）　　　　效率差異60,000（U）

總差異115,000（U）

*　715,000÷5,500小時＝130
** 5,000尺×1小時/尺＝5,000小時

圖 6-5 變動製造費用差異分析

（一）變動製造費用支出差異

變動製造費用支出差異（Variable overhead spending variance）係指實際發生之變動製造費用，與依據標準分攤率所應發生之變動製造費用間的差額。從圖 6-5 可知，此差額在本例中可按下列公式計算：

$$變動製造費用支出差異 = AH \times AR - AH \times SR$$
$$= AH \times (AR - SR)$$
$$= 5,500 \text{ 機器小時} \times (\$130 - \$120)$$
$$= \$55,000 (U)$$

（二）變動製造費用效率差異

變動製造費用效率差異（variable overhead efficiency variance）係指以實際作業水準為基礎之彈性預算變動製造費用，與按標準作業水準為基礎之已分攤變動製造費用間之差額。從圖 6-5 可知，此差額在本例中可按下式計算之：

$$變動製造費用效率差異 = AH \times SR - SH \times SR$$
$$= (AH - SH) \times SR$$
$$= (5,500 \text{ 機器小時} - 5,000 \text{ 機器小時}) \times \$120$$
$$= \$60,000 (U)$$

製造費用可按其成本習性區分成變動及固定兩個部分；依此規劃及記載製造費用之企業，可為此兩類製造費用設立個別之統制帳戶，而每個統制帳戶下又可再設置其自身的費用分攤帳戶。茲將本期變動製造費用差異分析之相關分錄列示於下：

記載實際發生之變動製造費用：

變動製造費用	715,000	
各項貸項 *		715,000

各項貸項包含薪資費用、消耗品、累積折舊、預付費用及現金等。

記載變動製造費用之分攤：

在製品	600,000	
已分攤變動製造費用		600,000

記載製造費用之各項差異：

已分攤變動製造費用	600,000	
變動製造費用支出差異	55,000	
變動製造費用效率差異	60,000	
變動製造費用		715,000

四、固定製造費用標準與差異分析

范經理對張總說明：「固定製造費用之總額在攸關範圍內不會隨著作業水準的改變而改變；然而單位固定製造費用卻會隨著作業水準之變動而呈反向變化。由於成本習性不同，固定製造費用的分析與前述變動製造成本的分析亦不相同。」瑞展公司生產電動代步車電源線本期的固定製造費用的相關資料如下，另固定製造費用差異分析列於圖 6-6：

正常產能 - 機器小時	6,000
正常產能下（預算）固定製造費用	$240,000
標準（預計）固定製造費用分攤率	$40
實際投入機器小時	5,500
實際產出允許之標準機器小時	5,000
實際固定製造費用：	
折舊	$90,000
薪資	80,000
其它	60,000
合計	$230,000

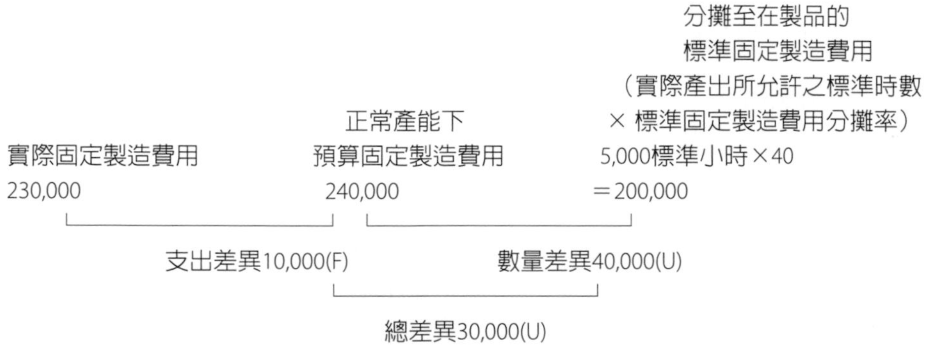

分攤至在製品的
標準固定製造費用
（實際產出所允許之標準時數
× 標準固定製造費用分攤率）

實際固定製造費用	正常產能下 預算固定製造費用	5,000標準小時×40
230,000	240,000	＝200,000

支出差異10,000(F)　　　　數量差異40,000(U)

總差異30,000(U)

圖 6-6 固定製造費用差異分析

（一）固定製造費用支出差異

指實際固定製造費用與正常產能下（或預算）固定製造費用間的差異數，代表實際成本與預計數字的差額。本例中之支出差異可計算如下：

固定製造費用支出差異 = 實際固定製造費用 — 正常產能下固定製造費用

$$= \$230,000 — \$240,000$$

$$= \$10,000（F）$$

（二）固定製造費用數量差異

係指正常產能下之固定製造費用，與分攤至在製品之標準固定製造費用間之差額。此差額是因實際產出之標準作業水準與原預期之作業水準不同而產生。本例中之數量差異可以計算如下：

固定製造費用數量差異＝預計固定製造費用 － 實際產出標準固定製造費用

＝ 240,000 － 5,000 機器小時 × 40

＝ $40,000（U）

不利的數量差異表示公司實際作業水準低於正常產能之作業水準，亦即公司生產設備存在閒置產能；反之，有利的差異則表示公司在該期間實際作業水準高於正常產能之作業水準，公司生產設備有過度使用之現象。范經理解釋，數量差異主要係用以檢視廠房設備之使用程度，而非用以衡量成本支出的多少。在固定製造費用差異之會計處理部份，其差異分錄如下：

記載實際發生之固定製造費用：

固定製造費用	230,000	
各項貸項		230,000

記載固定製造費用之分攤：

在製品	200,000	
已分攤固定製造費用		200,000

記載製造費用之各項差異：

已分攤固定製造費用	200,000	
固定製造費用數量差異	40,000	
固定製造費用		230,000
固定製造費用支出差異		10,000

五、製造成本差異之處理

差異分析說明完後，范經理接著向張總解釋期末時差異處理的問題，成本差異之處理是將其視為期間費用，直接結轉至銷貨成本或本期損益。茲分別討論這兩種狀況於下。

（一）成本差異結轉至銷貨成本

若成本差異數額不重大，該項差異可直接結轉至銷貨成本帳戶。

	借（不利）	貸（有利）
直接原料用料價格差異		$54,000
直接原料數量差異	$40,000	
直接人工工資率差異	36,000	
直接人工效率差異	84,000	
變動製造費用支出差異	55,000	
變動製造費用效率差異	60,000	
固定製造費用支出差異		10,000
固定製造費用產能差異	40,000	

結轉差異帳戶分錄如下：

銷貨成本	251,000	
直接材料用料價格差異	54,000	
固定製造費用支出差異	10,000	
直接原料數量差異		40,000
直接人工效率差異		36,000
直接人工工資率差異		84,000
變動製造費用支出差異		55,000
變動製造費用效率差異		60,000
固定製造費用產能差異		40,000

（二）成本差異結轉至本期損益

　　將成本差異視為期間費用之另一種方式，乃是將差異直接結轉至本期損益而不結轉至銷貨成本。若瑞展公司採用此一處理方式，則期末結轉差異帳戶的分錄應修正以本期損益科目替代銷貨成本科目。贊成此種處理方式者所持的主要理由是，只有標準成本才是真正的製造成本，不論是有利或不利的差異數，都不應該影響到銷貨成本的金額。基於此一觀點，所有的成本差異數應該全部結轉至本期損益中。

六、預算差異分析之應用

前面所介紹的各種差異分析，均假設在製造環境下所作的分析，其實若是在非製造業，各種差異分析的概念仍然是可以應用的。試想在一家商業銀行裡，經營成本可能沒有直接材料、直接人工等直接製造成本，其營運成本大多是間接性質，這些成本依其與作業活動間的因果關係，仍可區分為變動與固定；例如，信用狀押匯業務，審核押匯文件耗用時間，其人員薪資便是屬於變動，而水電費、辦公室租金、電腦折舊等便是固定費用。各項變動與固定費用一樣可以依照前面介紹的概念作各項差異分析，並評估營運績效。

此外，我們也可能以為各種差異分析僅針對財務指標，但其實差異分析的觀念也可以用在非財務性指標。例如，催收帳款部門主管每個月可以依每位職員當月份每講一分鐘電話可收回帳款的金額（當月收回帳款金額÷當月電話使用分鐘數），作為個人工作績效的衡量標準；航空公司可以依可銷售座位里程數當作績效衡量標準等，這些情況都可以應用差異分析概念。在下一章要介紹的作業基礎成本制，若企業推行該制度，其差異分析要如何應用，我們將留待第 7 章作進一步探討。

差異分析的案例

黃以南是瑞展工業股份有限公司業務部的資深且績優員工，每年因為表現優異而領優厚的績效獎金，因中美貿易戰引起的全球經濟影響，2019 年下半年開始，讓他到 12 月中旬為止，整年的實際銷售額比預計目標少了近三百萬。以下是他與紅旺電子公司採購蘇小姐的電話對談：

蘇：這張訂單真的已經取消，你怎麼說不必取消呢？

黃：這個訂單不要了我知道，我只是希望妳先不要在這個時候通知我們公司取消這張訂單，到明年初妳再通知我們還不是一樣，這對妳一點困難也沒有吧！

蘇：那這樣做的目的在哪？

黃：不瞞妳說，我今年的銷售績效離目標都還差三百萬，若妳這張八百萬的訂單也在這個時候取消，年終的檢討會上，我這個連續兩年的超級營業員寶座可就不保囉！幫幫忙，我今年如果再拿到績效獎金，絕對先謝謝妳這個大恩人啦！長榮飯店的鐵板燒怎麼樣？

蘇：我是可以先不打單啦，反正也已經 12 月中了。

問題一：

黃以南用拖延原本在今年該取消的訂單到隔年才取消，以成就他今年的銷售業績，若你是主管，要如何避免與防堵這樣的行為？

問題二：

公司應採取哪些措施以利及時因應產業外在環境之變化，以降低黃以南事件之發生率？

討論：

會計弊案在實務上層出不窮，像個案中黃以南的手法在一般的情況下可能不易被察覺，公司可能因此而讓績效考核無法落實，主管應該隨時提高警覺，防範類似的情況發生，除了主管的機警外，內部稽核部門也可以在例行的稽核（或專案稽核）中主動深入追查可疑的績效表現，以及不尋常的趨勢。除此之外，亦須定期檢討預算與標準成本之設定。

　　本章介紹標準成本的觀念，以及在管理實務上的意義。標準成本的制訂基礎，可依理想標準、過去績效標準，或者是現行可達成標準。預算的編製，通常從銷售水準的預測（銷貨收入預算）開始，接著編製生產成本預算、管銷費用以及其他各項費用預算、最後才得到營業淨利。

　　彈性預算是在編製預算時，預估一段區間內的各種產能水準，編製各產能水準下的預算，故預估次期實際產出的水準並非唯一。而靜態預算的特點，則是在編製預算時，僅依據預期的單一作業水準為基礎所編製的預算。彈性預算制度下，實際數與預計數比較時因為產能基礎是一樣的，故其比較具有意義。

　　差異分析是管理階層作績效評估時常用的工具，本章介紹的各重差異分析公式如下，讀者應該了解各項差異代表的管理意涵，才能活用這些公式：

1. 直接原料差異分析

    (1) 直接原料總差異＝直接原料價格差異＋直接原料數量差異

    (2) 直接原料價格差異＝實際數量 × 實際單價－實際數量 × 標準單價

    (3) 直接原料數量差異＝實際數量 × 標準單價－標準數量 × 標準單價

2. 直接人工差異分析

    (1) 直接人工總差異＝直接人工工資率差異＋直接人工效率差異

    (2) 直接人工工資率差異＝實際投入時數 × 實際工資率－實際投入時數 × 標準工資率

    (3) 直接人工效率差異＝實際投入時數 × 標準工資率

　　　　　　　　　　－實際產出所允許之標準投入時數 × 標準工資率

3. 變動製造費用差異分析

    (1) 變動製造費用總差異＝變動製造費用支出差異＋變動製造費用效率差異

    (2) 變動製造費用支出差異＝實際投入時數 × 實際分攤率

　　　　　　　　　　　　－實際投入時數 × 標準分攤率

    (3) 變動製造費用效率差異＝實際投入時數 × 標準分攤率

　　　　　　　　　　　　－實際產出允許之標準投入時數 × 標準分攤率

4. 固定製造費用差異分析

    (1) 固定製造費用總差異＝固定製造費用支出差異＋固定製造費用能量差異

    (2) 固定製造費用支出差異＝實際固定製造費－正常產能下預算固定製造費用

    (3) 固定製造費用能量差異＝正常產能下預算固定製造費用－實際產出所允許之

　　　　　　　　　　　　標準時數 × 標準固定製造費用分攤率

本章習題

一、選擇題

( ) 1. 甲公司標準工資率每小時 $5，X3 年 2 月份人工效率不利差異 $200，工資率有利差異 $150，實際發生直接人工小時數 2,500 小時，則每小時實際工資率為何？

(A) $4.92　(B) $4.94　(C) $5.06　(D) $5.08。　　　　（100 普考）

( ) 2. 管理者在分析利潤差異時，經常分解為諸多差異，下列關於差異間關係之敘述，何者錯誤？

(A) 銷貨收入總差異可區分為銷售價格差異與銷售數量差異

(B) 銷貨毛利價格差異可區分為銷售價格差異與生產成本差異

(C) 邊際貢獻總差異可區分為變動成本差異與固定成本差異

(D) 銷售數量差異可區分為銷售組合差異與純銷售數量差異。　　（106 普考）

( ) 3. 甲公司生產一單位產品之直接原料與直接人工標準成本資料如下：

直接原料　　　投入 1.5 磅

直接人工　　　投入 2 小時，每小時 $12

實際採購與生產資料如下：

直接原料採購量　　　2,000 磅

直接原料使用量　　　1,800 磅

投入直接人工小時　　1,900 小時

直接人工每小時工資　$10

若直接原料之數量差異為 $4,680（不利），直接人工之效率差異為 $1,200（不利），則每磅原料之標準單價為何？

(A) $15.6　(B) $10.4　(C) $9.36　(D) $7.2。　　　　（106 地特四等）

( ) 4. 材料的價格差異在購料時認列，則材料明細帳中之入帳基礎為何？

(A) 實際價格，實際數量　　(B) 實際價格，標準數量

(C) 標準價格，實際數量　　(D) 標準價格，標準數量。　　（106 地特四等）

( ) 5. 甲公司生產一單位產品之直接原料與直接人工標準成本資料如下：

直接原料　　　　　　投入 5 磅，每磅 $10

直接人工　　　　　　投入 2 小時

實際採購與生產資料如下：

  採購及使用原料量 6,000 磅

  投入直接人工小時 2,600 小時

若直接原料數量差異為 $2,500（有利），直接人工效率差異為 $1,800（不利），則直接人工標準工資率為何？

(A) $6 (B) $9 (C) $12 (D) $18。   （106 高考三等）

(　　) 6. 甲司採用標準成本制度，並以直接人工小時作為製造費用分攤的基礎，下列為固定製造費用之相關資料：

實際數		靜態預算數	
產品產量	1,000 單位	1,200 單位	
直接人工小時數	5,200 小時	6,000 小時	
固定製造費用	$117,000	$120,000	

下列敘述何者正確？

(A) 少分攤固定製造費用 $17,000

(B) 已分攤固定製造費用為 $120,000

(C) 固定製造費用支出差異（spending variance）為 $13,000（不利）

(D) 固定製造費用生產數量差異（production-volume variance）為 $20,000（有利）。   （106 地特四等）

(　　) 7. 下列關於靜態預算與彈性預算之比較，何者正確？

(A) 靜態預算為只包含固定成本之預算，但是彈性預算為同時包含固定成本與變動成本之預算。

(B) 靜態預算著重固定資產取得成本之控管，但是彈性預算著重隨銷售量而改變之費用之控管。

(C) 靜態預算在預算期間開始後即無法變更，但是彈性預算則必須按照實際成本之數額隨時調整。

(D) 靜態預算下的成本與實際成本之差異即使為不利，仍可能因成本控管使彈性預算差異為有利。   （105 地特三等）

( ) 8. 甲公司 7 月份實際購進直接原料 5,000 磅，無期初原料存貨，所有購進之原料已全部投入生產，每磅直接原料的標準單價爲 $10。若該月份直接原料數量差異爲 $3,000（不利），價格差異爲 $2,000（有利），試問標準用量與每磅原料的實際單價分別爲何？

    (A) 4,700 磅與 $9.6   (B) 4,700 磅與 $10.4

    (C) 5,300 磅與 $9.6   (D) 5,300 磅與 $10.4。   （105 地特四等）

( ) 9. 乙公司 X5 年 1 月實際製造費用 $12,000，多分攤製造費用 $3,000，不利支出差異 $2,100，則製造費用總差異爲何？

    (A) $900   (B) $3,000   (C) $5,100   (D) $6,900。   （105 地特四等）

( ) 10. 關於市場占有率差異與市場規模差異（或稱市場需求差異）之敘述，下列何者錯誤？

    (A) 在多種產品且基於預計銷售組合下，市場占有率差異與市場規模差異之總和等於純銷售數量差異。

    (B) 市場占有率差異係以預計產業總銷售量爲基礎，計算產品因市場占有率變動對收入或毛利之影響。

    (C) 市場規模差異則是用以衡量產業景氣或市場需求導致市場總銷售量改變時，對收入或毛利之影響。

    (D) 相對於市場占有率差異，市場規模差異較不具可控制性，在評估績效時不宜由行銷部門完全負責。   （105 高考三等）

二、計算題

1. 甲公司採標準成本制，其所投之標準成本爲每生產一件產品之標準工時爲 6 小時，每小時之標準工資率爲 $45。假設 11 月份，甲公司生產 15,000 件，並造成不利的人工效率差異爲 $157,500。另外，每件產品之原料標準投入量爲 3 公斤，每公斤之標準成本爲 $2.5。11 月份供應商爲削減其庫存壓力，故以每公斤 $2 售予甲公司。甲公司爲因應 11 月份之生產，共購買並使用 48,000 公斤之原料及人工成本 $4,488,000。

    試作：

(1) 計算實際人工小時數與人工工資率差異。

(2) 計算用料價格差異及材料數量差異。 （102 地特四等）

2. 甲公司生產乙產品 1,000 公斤的標準原料成本如下：

原料	公斤數	單位成本	合計
A1102	120	$120	$14,400
B1205	480	40	19,200
C1309	240	160	38,400
D1425	360	80	28,800
合計	1,200		$100,800

5 月份甲公司生產乙產品 20,000 公斤，實際購入數量、購入成本、實際耗用量如下：

原料	購入數量（公斤）	購入成本	耗用量（公斤）
A1102	4,000	$448,000	3,690
B1205	9,000	504,000	8,610
C1309	6,500	936,000	6,150
D1425	7,000	616,000	6,150
合計	26,500	$2,504,000	24,600

甲公司原料價格差異在購入時認列，試作：

(1) 原料購料價格差異。

(2) 原料組合差異。

(3) 原料產出差異。

(4) 原料數量差異。 （102 地特三等）

3. 書神印刷公司專門為大學或研究機構印刷專業書籍，由於每次印刷之整備成本高，書神印刷公司會累積書籍訂單至將進 500 本時，才安排印刷整備與生產書籍。對於特殊定單，書神印刷公司會生產每批次數量較少之書籍，每次特殊訂單索價 $4,200。2013 年印刷作業之預算與實際成本如下：

	靜態預算數	實際數
印刷書籍總數量	300,000	324,000
每次整備平均印刷書籍數量	500	480
每次印刷機器整備時數	8 小時	8.2 小時
每整備小時之直接變動成本	$400	$390
故定整備製造費用總金額	$1,056,000	$1,190,000

試作：

(1) 2013 年靜態預算之裝備次數及彈性預算之整備次數。

(2) 採用裝備小時分攤固定整備製造費用，求算預計固定製造費用分攤率。

(3) 計算直接變動整備成本之價格差異與效率差異，並標明有利（F）或不利（U）。

(4) 計算固定整備製造費用之支出差異與能量差異，並標明有利（F）或不利（U）。

（103 普考改編）

4. 甲公司於 X3 年開始生產一項新產品，並將各項差異分攤至期末存貨與銷貨成本。

(1) X3 年各項成本要素差異餘額如下：

	X3 年	
	借方	貸方
材料數量差異	$1,500	
工資率差異	1,100	
人工效率差異		$800
製造費用可控制差異	1,200	
製造費用數量差異	3,000	

(2) X3 年期末存貨資料如下：

存貨	X3 年
在製品（材料 100% 投入，X3 年加工完成 50%）	1,000 單位
製成品	1,500 單位
銷貨	2,500 單位

試作：

X3 年底分攤當年度各項差異的分錄。 （102 普考改編）

5. 甲公司採用標準成本制度作為規劃及控制的工具。製造費用以直接人工小時作為分攤的基礎，在 50,000 個直接人工小時下，預計變動製造費用為 $200,000，預計直接人工成本為 $4,500,000。直接原料每磅標準成本為 $2，每單位所需之標準原料數量為 1 磅。其他相關資料如下：

(1) 6 月份共生產 48,000 單位，無期初原料及在製品存貨，亦無期末在製品存貨，但有期末原料存貨若干。

(2) 6 月份原料價格差異係於購入時認列，購料價格差異每磅 $0.5。原料購料價格差異為 $30,000（有利），原料數量差異為 $20,000（不利）。

(3) 6 月份實際平均工資率高於標準工資率 $10/ 每小時，實際直接人工成本為 $6,100,000。

(4) 6 月份實際固定製造費用總額為 $210,000，製造費用預算差異為 $40,000（不利），製造費用變動效率差異為 $50,000（不利），製造費用差異總數為 $10,000（不利）。

試求：

(1) 6 月底直接原料的存貨數量。

(2) 6 月份實際人工小時。

(3) 6 月份製造費用的支出差異。

(4) 6 月份製造費用的數量差異。 （102 高考）

6. 乙公司生產各種機器人玩具，並經由各地代理商銷售。玩具是以塑膠盒分別包裝，但係按批次方式處理裝箱與運送。運送部門配送費用包含變動直接批次水準費用與固定批次水準費用，運送部門 2016 年相關資訊如下：

	實際資料	靜態預算資料
運送玩具數量	350,000 個	500,000 個
平均每箱玩具數量	16 個	20 個
每箱裝箱小時數	1.8 小時	2.2 小時
每小時變動配送費用	$48	$44
固定配送費用	$210,000	$220,000

試作：（各項差異須標示有利或不利）

(1) 2016 年靜態預算與彈性預算下裝箱應有之箱數為多少？

(2) 2016 年實際運送之箱數為多少？乙公司採用裝箱時數分攤固定配送費用，則預算固定配送費用分攤率為多少？

(3) 列表計算變動配送費用之用款差異與效率差異。

(4) 列表計算固定配送費用之用款差異與基準水準差異。 （106 關務）

7. 甲公司本年 7 月份有關生產 10,000 瓶漂白水的資料如下：

直接材料（假設購入材料均投入生產）

標準成本：每毫公升 $0.06

實際總成本：$530,000

每瓶漂白水所允許投入的成本 $54

材料數量差異：$1,200(有利)

直接人工：

標準成本：每小時 $124，每小時應完成 20 瓶漂白水

實際成本：每小時 $125

人工效率差異：$3,720(不利)

試作：

(1) 每瓶漂白水之標準投入量。

(2) 直接材料價格差異。

(3) 直接人工的彈性預算差異與價格差異。　　　　　　　　（103 會計師）

8. 南科公司生產部門於 X8 年 7 月份預計生產 10,000 單位的產品，其預計的製造費用如下：

固定成本：

房租	$15,000
折舊	5,000
保險費	2,800
間接人工	3,400

變動成本：

間接原料	12,000
間接人工	7,500
電力	3,600

7 月份共生產了 9,800 單位的產品，實際製造費用如下：

房租	$15,600
折舊	5,000
保險費	2,750
間接原料	11,956
間接人工	10,602
電力	3,626

試作：

南科公司採用彈性預算，請編製南科公司生產部門 7 月份之製造費用績效報告。

（100 會計師）

9. 甲公司上個月購入之材料均在該月即投入生產使用，相關的材料成本與人工成本之資料如下：

直接材料		直接人工	
每單位標準價格	$90	實際使用人工時數	$20,000
每單位實際價格	$80	實際每小時工資率	$16
材料價格差異	$200,000（有利）	人工效率差異	$28,000（有利）
總材料成本差異	$20,000（有利）	總人工成本差異	$12,000（不利）

若甲公司上個月共完成 9,000 單位產品之產出，且無在製品存貨及生產損失發生。請計算：

(1) 上個月直接材料之標準使用數量。

(2) 上個月直接人工之標準使用時數。 （102 關務）

10.甲公司以 80% 的作業水準（以直接人工小時為衡量基礎）編製未來 1 年的彈性預算資料如下：

直接人工小時	28,800
變動製造費用	$144,000
總製造費用分攤率（每一直接人工小時）	$18.70

甲公司在分攤製造費用時係以 90% 的作業水準作為分攤基礎，生產一單位產品須投入 4 小時直接人工。X1 年甲公司共投入 33,300 小時生產 8,500 單位產品，實際發生

的製造費用比實際產量之彈性預算下製造費用多 $12,000，其中固定製造費用便占了 $5,000。

試作：

請依據上述資料計算下列各項費用差異（若無法整除，請四捨五入至小數點後第 2 位）

(1) 變動製造費用效率差異。

(2) 製造費用支出差異。

(3) 製造費用生產數量差異。

(4) 變動製造費用支出差異。 （99 高考）

CHAPTER

7

作業基礎成本制

學習目標　讀完這一章，你應該能瞭解

1. 瞭解以數量為基礎的傳統成本分攤系統如何扭曲產品成本。

2. 設計一個傳統的作業基礎成本制度（Activity-based costing; ABC），將耗用的資源成本（resource cost）與各種作業活動（activities）作連結，並將之對應分攤到成本標的（cost object），如產品或顧客。

3. 應用作業基礎成本系統的資訊，協助提升營運效率與決策品質（如定價）。

4. 瞭解衡量實際產能的重要性，以及閒置產能的成本。

5. 應用作業基礎成本系統於服務業，作顧客管理。

6. 瞭解作業基礎成本制成功的必要條件，以及推行時的可能阻礙。

引言

　　瑞展公司最近發生一些讓各主管傷透腦筋的事情，張佳年董事長為了這些事情一再開會檢討，希望能找出原因與解決方法。

　　事情是這樣的，有鑑於老年化社會的來臨，兩年前公司決定跨足電動輪椅的傳動系統開發，雖然醫材部門早已生產傳統輪椅的輪軸（WA60 與 WA61），但去年投入開發先進的電動輪椅傳動系統，開始生產 WA62 新產品，類似的產品已經有韓國產品銷入臺灣，當時張佳年不以為意，本著『品質第一』的原則，自信瑞展的產品絕對不比韓國貨差，但今年年初以來，傳統產品中一些原本該拿到的訂單陸續被韓國人搶走。韓國貨的報價出奇的低，甚至比瑞展會計部門估計的製造成本還要低，看起來韓國人是賠本在賣，張佳年以為韓國人在削價競爭，但近來發現連日本公司的報價也比瑞展的報價低，這讓張佳年開始懷疑公司的報價是否出了問題。

　　更詭異的是，WA62 產品是公司好不容易開發出來的產品（為此公司增聘 4 名具博士學位的研發工程師，每年多出好幾百萬的薪資費用），品質與日本貨不相上下，市場價格很好，會計部門估計出來的毛利率高達 76.88%，行銷經理於是將 WA62 訂為今年銷售的主力，取代獲利較差的產品。銷售部門也不負重望，今年的營業額比去年增加 30%，主要就是因為 WA62 產品銷售奇佳，但令人不解的是，會計部門結算出來的營業淨利卻是負數，張佳年開始慌了，究竟問題出在哪裡？會計部門也說不上來。

　　瑞展公司早期醫材部門產品線只有 WA60 與 WA61 兩種產品，這兩種產品的製程均大同小異，到目前為止，製造成本除了可以直接追蹤到訂單的直接原料與直接人工外，對於製造費用均以機器小時數作為分攤到各訂單的唯一基礎。

　　針對這一點，會計師早就已經提醒張佳年，現行的成本會計系統將不足以應付未來公司發展所需，因為這幾年來產品線的發展非常快，且每一次開發的新產品，製程日趨複雜，往往花費大量成本在研發、設計與測試，但依目前的成本會計系統，這些研發、設計與測試成本均屬製造費用（間接成本），無法在個別訂單的成本單裡出現這些成本，而早已開發成熟的傳統產品因為大量使用機器時間，反而得分攤較多的製造費用。這些問題經過這幾天來的反覆開會檢討，主管們大概已經瞭解當時會計師的建議是有道理的，但問題是，要如何解決這種成本扭曲的問題呢？到底該如何把每一種產品的正確成本算出來呢？究竟哪些產品才是真正能讓公司賺錢的產品？哪些是賠本在賣呢？

7-1 製造費用傳統的分攤方法

一、傳統的成本分攤方法

　　傳統製造業的主要成本（原料、人工）占總成本比重較大，而間接成本（製造費用）所占比重較小，且這種成本結構關係在各種產品間的差異不大，這樣的成本結構，運用第 4、5 章所介紹的分步與分批成本制通常就已足夠。不管分步或分批，除了原料與人工等主要成本外，對於間接成本（例如生產線上機器成本的折舊、排程、品管，以及一般的廠務管理等成本），通常均以簡單的方法分攤到生產部門或產品，例如將這些間接成本除以總人工小時數或是機器小時數，得出每一單位人工小時或每一機器小時的分攤率（overhead allocation rate），有了分攤率便可以將上述的間接成本，透過分攤率分攤到生產部門或產品。

　　我們再回到先前瑞展公司的案例，在開發出 WA62 產品以前，瑞展公司醫材部門的主力產品是 WA60 與 WA61，這兩種產品公司已經有多年的生產經驗了，技術已經非常成熟，目前已經是半自動化生產，之所以開發 WA62，是因為 WA62 的售價是 WA60、WA61 的兩倍多，且前景看好。價格較貴的原因是因為 WA62 是屬於新型電動輪椅傳動系統的一部分，需要投入許多研發與設計人員，部分技術過去在市場上只有日本貨，瑞展公司聘了幾位高級工程師，經過幾年的努力，好不容易突破了技術瓶頸，品質幾乎和日本貨不相上下，會計部門認為，WA62 的前半段製程幾乎和 WA60、WA61 一樣，只有後段製程需配合產品電路設計而需額外設計以及先進的設備做測試，耗費的時間雖然較久，但因為毛利高，所以去年的主管會議中，行銷經理提議將 WA62 列為今年銷售的主力產品，將部分原先生產 WA60 與 WA61 的產能騰出給 WA62，今年銷售人員非常努力，WA62 的銷售也確實突飛猛進。

　　這 3 種產品的毛利資料如下（20X8 年 5 月份的資料）：

表 7-1　傳統成本制下 WA60、WA61、WA62 產品毛利分析表

	WA60	WA61	WA62
當月生產與銷售數量（尺）	1,500	1,200	2,100
單位售價	$25	$28	$62
銷貨收入	$37,500	$33,600	$130,200
直接原料成本	5,300	5,100	6,600
直接人工成本	5,800	5,200	9,100
機器小時數	45	42	32
製造費用（機器小時 ×$450）	20,250	18,900	14,400
總製造成本	$31,350	$29,200	$30,100
毛利	$ 6,150	$ 4,400	$100,100
毛利率	16.4%	13.10%	76.88%

表 7-1 中可以看出，WA62 的毛利率高達 76.88%，比 WA60、WA61 都高出甚多，因此去年底主管會議將 WA62 訂為今年行銷主力應該相當合理。但令人納悶的是，雖然 WA62 銷售業績亮麗，但 20X8 年 5 月份會計部門結出來醫材部門的營業淨利卻是負數（如表 7-2 所示）：

表 7-2　瑞展公司醫材部門 20X8 年 5 月份營業淨利分析表

.... 承表 7-1 資料		
毛利：WA60	$ 6,150	
WA61	4,400	
WA62	100,100	$110,650
減：銷售費用	$42,554	
管理費用	108,300	(150,854)
營業淨利		($40,204)

張佳年發現，去年同期（20X7 年 5 月）的銷售額約只有今年的 90%，且營業淨利為正，今年成本計算方式和去年都一樣，製造費用的分攤率都是用機器小時為基礎，這個方法已經用超過十幾年了。每年會計部門會根據實際製造費用金額調整分攤率，前年的分攤率每機器小時只有 $280，去年起之所以調高到每機器小時 $450，是因為增聘研發部門人員，造成成本增加，以及因應 WA62 增產，成立智能研發室、增購多項先進的電子儀器設備與品管人員與耗材，造成製造費用大增，以致會計部門決定提高分攤率。

二、傳統成本系統對產品成本的扭曲

　　瑞展公司對於製造費用的分攤方法其實是一般傳統製造業慣用的方式，也就是對於製造費用只用一種或兩種分攤率將之分攤到產品，這在製造費用佔總成本比重不大，或者產品種類少、製程固定的情形下，基本上不會產生太大的衡量誤差，但產品種類如果增多，且每一種產品製造的複雜度又有差異時，便會扭曲各種產品的成本。這是因為分攤製造費用只用一兩種分攤率，使得多耗用分攤基礎成本動因（如機器小時）的產品，便得多分攤製造費用，相對的，必定有其他產品會少分攤製造費用（因為總製造費用固定）。

　　例如，瑞展公司醫材部門的三種產品，只用機器小時一種分攤基礎，WA60 與 WA61 因為生產過程中大量耗用機器小時，便得多分攤製造費用，而 WA62 除了耗用機器外，還得經過許多設計與測試等複雜且耗費成本的製程，但這些額外的耗費，在瑞展的成本會計系統下，把這些額外的成本（例如：研發人員薪資、檢測儀器折舊、品管測試成本等 WA62 額外增加的支出），全部混和在總製造費用，透過「機器小時」分攤給三種產品。如此一來，多使用機器小時的產品就得多負擔，少使用機器小時的就可以少分攤。

　　WA62 實際上耗費的成本比帳上記錄的還要多，但部分轉嫁給 WA60 與 WA61 分攤，WA60 與 WA61 因此多分擔了不該屬於它的製造費用。過去沒有生產 WA62 時，分攤率每機器小時只要 $280，而有了 WA62 後就調高到 $450，增加的原因主要就是因為 WA62 製程較複雜，需額外投入一些成本，但這些成本卻由三種產品共同承擔，以致於會造成產品成本相互補貼的不合理現象。

　　你可能會問，過去沒有生產 WA62 時，WA60 與 WA61 間難道就沒有這種相互補貼成本的情形呢？這可能有，但不會太嚴重，因為 WA60 與 WA61 製程相似、成本結構差異不大，所以交互補貼的情形不嚴重，但 WA62 成本結構與這兩種產品差異太大，若仍用同一種分攤方法，必然造成成本交互補貼的情形。這種成本扭曲的現象，其後果是使得 WA62 成本被低估，而 WA60 與 WA61 成本被高估，若依據錯誤的成本資訊作定價，

那定出的價格也一定不對。WA62 因為成本低估，定價很可能也低估，表 7-1 所呈現的高毛利率可能是假象，其實際的毛利率很可能遠低於這個數字，而 WA60 與 WA61 則正好相反，這兩種老產品實際成本可能低於表 7-1 的數字。公司努力賣 WA62、少賣 WA60 與 WA61，以為這樣可以增加毛利，但實際情形可能正好相反，WA62 未必有如此高的毛利，依現行價格賣越多未必賺越多，而 WA60 與 WA61 也許毛利不錯，但公司卻減少銷售，多賣毛利差的產品、少賣毛利好的產品，才會造成總銷售額增加，而營業淨利卻未能相對的增加。

依現行一般公認會計原則，企業對外的報表（損益表）中只要揭露總成本（銷貨成本），不必揭露每一項產品的製造成本，也不必將成本分成直接成本與間接成本。總成本要分攤到個別產品，較麻煩的是間接成本（製造費用）要如何分攤到每一項產品。企業外部的人使用損益表，通常是要作投資、授信等決策，因此只要知道總成本的資訊便已足夠，但內部的管理決策（例如：個別產品定價）則往往需要知道個別產品的精確成本，因此如何將製造費用分攤到個別產品便非常重要了。

瑞展公司的案例可能是許多製造業共同的問題，若全公司只用一種分攤率（例如瑞展公司使用機器小時）分攤製造費用，很容易造成有的產品多分攤、有的少分攤，因為有些產品已經大部分都自動化，大量使用機器，耗費較多的機器小時而必須分攤較多的製造費用，反之，有的產品因為客製化且尚屬測試開發階段，往往耗時費力，必須多花費研發、測試等成本，成本應該很高，但因為多耗費的成本多和人力有關，與機器無關，因此反而不必分攤太多製造費用，那些研發、測試等成本便無法由該項產品負擔，而是轉嫁給其他多使用機器的產品。這樣的成本分攤方法，在生產多種產品時，常會造成有些產品成本被高估、有些產品成本被低估。經理人根據錯誤的成本資訊作決策，如訂定個別產品的價格，成本高估的產品售價會訂得過高，將不易出售，反之，成本被低估的產品，定價可能低於實際成本，這種產品可能賣越多虧越多，但問題是公司主管往往不知道實情而努力推銷不賺錢的產品。

　　隨著科技的進步，以及經濟活動的快速發展，現在的製造業成本結構在過去一百年來已經有很大的改變。在二十世紀初期，直接人工是主要的成本要素，約佔總成本的 50%[1]，與直接原料構成產品的主要成本，製造費用所占的比重通常很低。在這樣的環境下，成本會計系統設計的主要目的是在衡量（measurement）與控制（control）所耗費的直接原料與直接人工。製造費用通常以一個數量化的基礎（例如人工小時、工資）分攤到每一個產品以求簡化，因為製造費用所占比重小，所以這樣的成本分攤方法雖嫌粗略，每項產品間雖會有衡量誤差（measurement error）存在，但由於製造費用占總成本比重不大，所以通常可以忽略。

　　隨著自動化生產的普及，機器大量使用在生產線上，加上資訊科技的廣泛應用，現今的製造環境下，直接人工可能只占總成本的一小部分而已，現今美國的電子產業，直接人工占總成本的比重平均甚至低於 5%，而製造費用所占的比重則越來越大，這是因為現代企業投資在機器設備、資訊軟體以及研發（research and development）的支出往往金額龐大，對於產品成本而言，這些龐大的支出通常歸類為間接成本（製造費用）。由於製造費用所占的比重越來越大，若仍以單一的分攤率分攤到產品，將使產品成本被扭曲，造成像瑞展公司一樣的問題，雖然銷售金額與數量均增加，但淨利卻不見相對應的增加，因為成本高估的產品定價必定也高，但可能因此不好賣，反之，成本低估的產品被公司以為是創造利潤的主力而努力銷售，這種產品也常常會比較好賣（因為定價訂得較低），但其實這種產品可能是虛盈實虧，賣越多虧越多。

　　面對傳統成本系統對產品成本的扭曲，作業基礎成本制（Activity Based Costing；簡稱 ABC）的實施，或可改善這樣的缺失，下一節將介紹瑞展公司如何運用作業基礎成本制解決上述的問題。

1　Atkinson, Kaplan, Young, Matsumura, Management Accounting, 5th Edition, Prentice Hall.

成會焦點

智慧製造不是要跑得快，是要回歸管理的本質

身為臺灣前二十大國際品牌的主機板大廠映泰科技，許迪翔協理（以下簡稱許迪翔）在鼎新電腦「實踐智慧製造，邁向工業 4.0」研討會開場時即笑著表示：「幾年前映泰根本不清楚什麼是智慧製造，我要分享的是，不是我們跑得比大家快，而是我們在邁向智慧製造的過程，所得到的效益與收穫。」

製造業是臺灣經濟的基礎，隨著工業 4.0 的理念在全球不斷深化、發酵，在這個雲端、大數據、物聯網等科技工具興起的新工業革命時代，製造業面臨的未來將是「隨需而製」的整合能力，以及運用 IT 科技讓生產線上的組件都能靈活串接溝通運用，進而達成更好的生產效率。

製造業所面臨的挑戰，無非是速度、彈性、效率與資訊的透通。許迪翔表示，映泰主要生產電腦主機板以及遊戲顯卡等，例如，工業電腦裡的板卡，一年的訂單可能會有幾萬台；公司內部的產品可能面臨市場上少樣多量或是少量多樣的特殊需求。

但公司的作業流程與管理平台卻可以正確銜接，原因何在？關鍵就在於基礎穩定的資訊透通平台。主要重點為：

1. 挖掘管理挑戰，企業基礎工程再造。
2. 競速時代的靈活跨界，智慧製造的協作共融。
3. 企業內外流程整合，邁向智慧生產。
4. 掌握資訊決策先機，持續精進優化。

資料來源：鼎新電腦 http://www.dsc.com.tw/

7-2 作業基礎成本制

　　在一個偶然的機會，張佳年結識一位任教於中部某大學管理學院的教授，佳年決定邀請這位教授來看看公司目前的問題有何解決良方。這位教授來工廠看了幾次後，建議佳年要改變目前的成本計算方式，改用作業基礎成本制。公司於是在這位教授的帶領下，組成「ABC 推動小組」，由教授帶領的 6 位研究生，以及公司相關的高、中、低階主管共同組成，開始推動作業基礎成本制，工作小組每週開會一次，每個月向張佳年董事長會報一次。

一、將成本累積到作業活動

　　作業基礎成本制和傳統成本制度一樣，仍然是運用兩階段的方法計算產品成本。傳統成本制是先將所耗費的支出（成本）累積（accumulate）到成本集（cost pool）或叫成本中心（cost center），這些成本中心通常是公司實際的營運部門，之後再將成本集的成本分攤（allocation）到個別產品。而作業基礎成本制則是先分析生產過程中將動用哪些活動或作業[2]（activity），將所有支出金額依因果關係分別由這些活動吸收（累積），再將之除以作業活動量，便可以計算出每一項作業活動的分攤率[3]。其基本的邏輯就是認爲任何一項作業活動均會耗費公司的資源（成本），因此，所有的作業活動都會帶動成本的發生。至於個別產品的成本，就看生產這項產品動用了哪幾項的作業活動，依每一項作業活動的分攤率乘以作業活動數，以計算產品的成本。

　　「ABC 推動小組」首先在醫材部門的生產現場觀測每一項動作，以便歸納所有作業活動，通常訂單由行銷部門轉過來後，廠長會簽發製令（即製造命令的意思），並作排程（規劃生產日期與安排機台），副理每天一早從電腦上列印出當天的生產目標（生產產品別、數量），便指派領

2　實務上作業活動的數目通常會多達數十項，所以常會分成幾個作業中心（activity center），每一個作業中心由相關的的幾個作業活動所組合。

3　例如每啓動一次機器算是一項動作，這項啓動的動作會耗費的成本包括啓動機器的這幾分鐘內，機器的折舊、保養費、電費、操作人員的薪資、保險費等，所以每啓動機器一次，就得分攤這些成本。

班負責特定的訂單，之後便進入實質的生產流程。通常管線（原物料）從倉庫領出後，便送到指定的機台進行車床處理，依訂單要求規格的複雜度，在機台處理的時間會不一樣，接著是由人員以流體（砂質金屬與化學藥劑的混和體）作拋光的處理，使產品外層呈光滑狀，由於拋光工作較為制式，因此幾乎都已經標準化，一般訂單通常只要處理一次即可，但有些顧客要求品質較高時，就需要進行兩次的拋光，接下來便是清洗與包裝，每一種產品清洗的動作雖然大同小異，但一般產品只要在清洗場以清水沖洗、乾燥後便可包裝入庫（送入倉庫儲存），而 WA62 則需在新成立的智能研發室處理，其動作較為複雜。依此，「ABC 推動小組」將整個製程劃分成整備作業、車床作業、流體拋光作業、清洗作業、智能研發作業、生管作業等六大作業活動。

作業活動確定之後，接下來便要為每一項作業活動選取適切的成本動因（cost driver），作為將來將成本分攤到各項產品或訂單的基礎。所謂成本動因，就是作業活動發生的主要原因，例如，發生車床作業活動量的大小，原因可能包括人工時間、工資、機器小時等，但在 ABC 的精神下，應該要找一個最能解釋與車床作業活動量有直接因果關係的動因，即機器小時（因為車床作業耗費成本多寡主要是取決於機台開動時間長短），因為這項動因（機器小時）的發生而帶動成本的發生，所以叫成本動因。表7-3 是「ABC 推動小組」分析歸納出的六種作業活動名稱、內容概述與動因。

表 7-3 作業名稱與內容描述

作業名稱	主要內容	成本動因
整備作業	將機台清理乾淨、熱機、配合訂單所需的尺寸，選取適當程式。	啟動次數
車床作業	將未處理的管線送基台，作各種尺寸的裁切塑型。	機器小時
流體拋光作業	以砂質金屬與化學藥劑將管線體表面及內圈面拋光，使表層明亮光滑。	作業次數
清洗作業	依不同品質要求，將產品作不同等級程度的清潔，並包裝、入庫。	人工小時
智能研發作業	包括為客製化而進智能研發室設計、測試，以及後段的處理。	進智能研發室時數
生管作業	從開製令至產品完成至通過品檢入庫為止，所發生的一切生產線上的管理相關事物（含倉管）。	生產總時數

　　表 7-3 其實就是所謂的作業動因手冊（activity dictionary）的雛形[4]，所謂作業動因手冊，就是描述工場所有作業活動的名稱、作業內容的描述，以及成本動因，在作業動因手冊中對於作業活動的描述要越詳盡越好，要讓每一位人員都可以憑這本手冊就可以在現場工作，不必再由資深的人員教導，為了讓同一種動作達到標準化（不管誰作都會一樣），因此在手冊中的描述要非常的詳細。

　　從表 7-3 可以看出六種作業活動分別有不同的成本動因，車床作業主要的動因為機器小時數，應該是很直覺的。流體拋光作業因為是屬於標準化的作業活動，每一次所耗用的時間，以及消耗的材料也都差不多，因此決定以作業次數作為成本動因。至於清洗作業，因為較不涉及技術性，這項作業主要是不必進智能研發室的產品的清洗作業，以人工小時做為成本動因較為合理。生管作業的內容較為龐雜，舉凡所有的廠內管理（例如廠長、領班的部分薪資）、品管以及水電、總務開銷等費用均是屬於這一項作業活動。在 ABC 的精神下，所有的活動都必須是對產品有貢獻的，所以理論上不容許任何閒置、等待的情形發生，因為閒置等待對產品價值沒有貢獻，且會耗費機會成本，為了落實這項精神，於是選總生產小時數為成本動因，若某批訂單生產延誤，在某一製程中等待較久，則這項作業分攤的成本必然較高，如此才能反映因生產無效率所引發的機會成本[5]。至於倉儲作業，主要是倉庫管理所衍生的成本，倉儲成本主要取決於使用倉儲設備與服務的程度，以重量作為成本動因是一個合理的選擇。

　　選定了作業活動與成本動因後，接下來就得將成本資料與成本動因相整合，原則上要將所有發生的成本，均能歸屬到作業活動，如此才能讓產品承擔製造成本。例如，瑞展公司醫材部門廠長的薪資究竟要屬於哪一項作業活動呢？這要看廠長平時工作內容而定。「ABC 推動小組」發現廠長平時約有 50% 的時間花在排程、開製令、以及整廠的管理性工作（例

4　實務上一家公司所界定的作業活動應該不會只有六項，通常會多達數十項，甚至數百項作業活動，這裡是為了方便讀者瞭解 ABC 的精神，故將瑞展公司的例子簡化成只有六項作業活動，否則表 7-3 將會是一本厚厚的手冊。

5　機會成本的觀念在第二章已經有介紹，訂單若沒有在應該完成的時間內完成，隱含生產無效率，例如延誤的原因可能是因為機器疏於保養，使得生產過程中當機，為了等修復而延誤完工時間，這種延誤所引發的機會成本在傳統的成本制度下多被忽略，但ABC 制度下，便須將這種無效率的成本算入產品成本。

如到處巡視），花在指導與監控整備、車床、拋光、清洗、智能研發室等管理事務的時間各約 10%。因此，廠長薪水 50% 要由生管作業負擔，其餘各項作業活動則須各負擔 10%。此外，電腦設備似乎只有整備與智能研發室在使用（各占 40% 與 60%），因此資訊等相關費用，整備作業與智能研發作業活動各需負擔 40% 與 60%。

依據這樣的分配概念，我們便可以依據各項間接費用對於各項作業活動的相對貢獻程度比重，作為成本分攤的基礎，這樣的分攤概念，因果關係的認定是最重要的指導原則，這也是 ABC 制度成敗的重要關鍵。表 7-4 是「ABC 推動小組」將各項間接費用依此概念分攤到各項作業活動的結果[6]。

表 7-4 瑞展公司醫材部門作業活動與費用分攤表

全年估計費用（單位：元）	作業活動分攤金額與比率					
	整備	車床	流體拋光	清洗	超潔淨	生管
廠長薪資：$700	$70(10%)	$70(10%)	$70(10%)	$70(10%)	$70(10%)	$350(50%)
資訊費用：$60	$24(40%)				$36(60%)	
機器折舊保養費：$100	$10(10%)	$90(90%)				
研發費用：$2,000					$2,000(100%)	
水電費：$700	$140(20%)	$210(30%)	$70(10%)	$140(20%)	$105(15%)	$105(15%)
合　計	$244	$370	$140	$210	$2,211	455

至此，ABC 制度只完成一半，工廠花費的間接成本目前已經可以分攤到各項作業活動，但作業活動所累積的成本還沒能分攤到產品或訂單。要將作業活動的成本分攤到產品，觀念上與傳統的成本制度相似，就是將每一個作業活動累積的成本依照其成本動因（如表 7-3 最右邊一欄所示）分攤到產品，就如同傳統成本制度是依機器小時將間接成本分攤到產品一樣，只是 ABC 制度以較多的基礎分攤（瑞展公司為 6 個）到產品。

二、將成本由作業活動分攤到產品或訂單

瑞展公司原先的成本制度下，將間接成本依機器小時分攤到產品，需先決定分攤基礎的作業量（例如，估計全年機器開動的實際小時數），然

6　同樣的，表 7-4 也是將實況加以簡化以便說明，實務上各間接費用項目很龐雜，但作法都是運用一樣的道理。

後將間接成本總額除以總機器小時數，得到每機器小時的分攤率（例如，每機器小時 $450），才能將成本分攤到產品。同樣的，在 ABC 制度下，也必須要估算每一作業活動的分攤率，才能將成本攤到產品。通常我們先估算在一定期間內（例如，一年），每一個作業成本動因量[7]，將作業活動所累積的成本除以這些估計的成本動因量，便可得到作業成本動因的分攤率。接著再測出每一種產品所需耗用的作業成本動因量，將每項產品所耗用的動因量分別乘以各動因的分攤率後予以加總，如此便能算出各產品的單位成本。表 7-5、表 7-6 分別表示 6 項成本動因及其全年估計量，以及各項產品每單位耗費的動因量。

表 7-5 成本動因全年估計量

作業活動	作業活動成本金額（元）	作業成本動因	作業成本動因年估計量	作業成本動因分攤率
整備作業	$244,000	啓動次數	122 次	$2,000
車床作業	370,000	機器小時	1,480 小時	250
流體拋光作業	140,000	作業次數	200 次	700
清洗作業	210,000	人工小時	1,400 小時	150
智能研發作業	2,211,000	進智能研發室時數	500 小時	4,422
生管作業	455,000	生產總時數	1,920 小時	237

表 7-6 各項產品每單位耗費的動因量

作業成本動因	WA60	WA61	WA62	合計
整備作業	0.01	0.01	0.02	0.04
車床作業	0.5	0.4	0.3	1.2
流體拋光作業	0.2	0.2	0.2	0.6
清洗作業	0.02	0.02	0	0.04
智能研發作業	0	0	1.2	1.2
生管作業	0.04	0.04	0.06	0.14

　　有了表 7-5 與表 7-6 的資料，將這兩張表的資訊加以整合（見表 7-7），便可以求算出每一種產品該分攤多少製造成本，加上各自的原料及人工成本，便可以決定個別產品的單位成本了。

7　通常分攤率要定期檢討修訂，這是因為在生產還未進入完全成熟或標準化前，往往作業活動量會有撥動起伏，因此必須定期檢討（例如三個月或半年）。

表 7-7　分攤製造費用至產品

	作業成本動因分攤率	WA60 每單位耗費動因量	WA60 分攤的製造費用	WA61 每單位耗費動因量	WA61 分攤的製造費用	WA62 每單位耗費動因量	WA62 分攤的製造費用
整備作業	$2,000	0.01	$20	0.01	$20	0.02	$40
車床作業	250	0.5	125	0.4	100	0.3	75
流體拋光作業	700	0.2	140	0.2	140	0.2	140
清洗作業	150	0.02	3	0.02	3	0	0
智能研發作業	4,422	0	0	0	0	1.2	5,306.4
生管作業	237	0.04	9.48	0.04	9.48	0.06	14.22
合　計			$297.48		$272.48		$5,575.62

在 ABC 的精神下，產品成本取決於動用作業活動量的多寡，從表 7-7 中可以看出，產品單位成本由動因分攤率乘以動因量而得。過去公司的製造成本主要是原料與人工，對於間接成本（製造費用），只能從會計帳冊上的科目，例如：薪資、折舊費用、保養費、研發費用、水電費等予以加總，再除以全年估計機器小時數，分攤到各個產品。ABC 制度下則是盡可能以因果關係找出帶動這些成本的動因，將間接成本分配到這些作業活動，瑞展公司的分配的基礎由原先的一個（機器小時）增加為 6 個，當然會更合理且精緻。

若我們將原料、人工成本考慮進去，便可以得到這三種產品每單位總成本，以 20X8 年 5 月份的銷售資料（表 7-1），我們便可以作 ABC 制度下 5 月份的毛利分析（表 7-8）：

表 7-8　ABC 制度下 WA60、WA61、WA62 產品毛利分析

	WA60	WA61	WA62
當月生產與銷售數量（尺）	1,500	1,200	2,100
單位售價	$25	$28	$62
銷貨收入	$37,500	$33,600	$130,200
直接原料成本	(5,300)	(5,100)	(6,600)
直接人工成本	(5,800)	(5,200)	(9,100)
製造費用	(4,462.2)*	(3,269.76)**	(117,088.02)***
總製造成本	($15,562.2)	($13,569.76)	($132,788.02)
毛利	$ 21,937.8	$20,030.24	($ 2,588.02)
毛利率	58.5%	59.61%	(1.988%)

*　：$297.48 ×（1,500 ÷ 100）= $4,462.2

**　：$272.48 ×（1,200 ÷ 100）= $3,269.76

***：$5,575.62 ×（2,100 ÷ 100）= $117,088.02

　　將表 7-8 與表 7-1 相對照，可以明顯的看出，在傳統成本制下，WA60、WA61 的毛利率分別只有 16.4% 與 13.1%，但在 ABC 制度下卻為 58.5% 與 59.61%，而 WA62 在傳統成本制下的毛利率高達 76.88%，但在 ABC 制度下卻降至 -1.988%，為什麼在 ABC 制度下與原先的方法會有這麼大的差異呢？這是因為製造費用原先在傳統成本制下只經由一種成本動因（機器小時）分攤給這三種產品，WA60 與 WA61 因為大量使用機器生產，耗用較多的機器小時，所以會承擔大部分的製造費用，而 WA62 因為使用機器小時數的比重較少，所以就會少分攤製造費用，但這其實是錯誤的。WA62 其實是個比較耗費成本的，只是在傳統成本制下成本被模糊，而將該由它負擔的成本轉嫁給其他兩種產品。

　　ABC 制度的導入，經作業活動的分析，找出六項作業活動，並且分別對應產生該項成本的動因，作為分攤給產品的基礎，唯有耗用該項作業活動的才需分攤該項成本，每一項產品所耗用的作業活動頻率並不相同，因此所應分攤的成本便會有差異。WA62 耗費機器小時數少，車床作業活動的分攤成本就少於 WA60 與 WA61，但 WA62 生產過程中卻在智能研發作業活動中耗費大量時間，所以就得分攤較多的智能研發作業所引發的成本，而 WA60、WA61 因為沒有耗費智能研發作業活動，所以當然不必分攤智能研發作業活動的成本。

　　其實生產的總成本並沒有改變，只是傳統成本制與 ABC 制對於製造費用的分攤方法不一樣，使得最後分攤給這三種產品的金額也就不一樣。若我們將表 7-2 依照表 7-8 的結果重編，便可以得出 5 月份營業淨利分析表（表 7-9），我們同樣可以發現，在傳統成本分攤制度下，原先 5 月份的營業淨損只有 $40,204，但在 ABC 制度下所算出來的淨損卻高達 $111,474.78。這是因為部分製造費用在傳統成本制度下沒有被認列，例如，整備作業主要是生產活動開始，機器設備啟動、整理等相關費用，在傳統成本制下這些成本都是隱形的（因為沒有收據、發票等憑證），但在 ABC 制下，時間的耗費也是成本，人員在機台等待熱機，除了耗電外，人員的薪資也是應該設算的成本。因此 ABC 制度下的成本可能高於傳統成本制度下的成本，營業淨損自然會較嚴重了。

表 7-9 ABC 制度下瑞展公司醫材部門 20X8 年 5 月份營業淨利分析表

.... 承表 7-8 資料		
毛利：WA60	$21,937.8	
WA61	20,030.24	
WA62	(2,588.02)	$ 39,379.22
減：銷售費用	$42,554.00	
管理費用	108,300.00	(150,854.00)
營業淨利		($ 111,474.78)

　　瑞展公司的例子讓我們對產品成本的算法有了全新的認識，產品成本若沒有計算正確，表面上以爲毛利高的產品（如 WA62），其實可能是虧錢在賣，而原以爲毛利並不高的產品（如 WA60、WA61）卻反而是獲利的主力。瑞展公司若沒有導入 ABC 制度，繼續努力推銷 WA62，將會是賣越多虧越多，而眞正賺錢的產品應該仍是舊有的 WA60 與 WA61，但先前公司卻以爲這兩項產品不大賺錢，公司若沒有調整行銷策略，這種虛盈實虧的現象將會使公司走向衰敗，甚至滅亡。

　　圖 7-1 以 WA62 爲例，圖示傳統成本制以及 ABC 成本制下成本結構的比較，讓我們更清楚的比較出兩種制度下成本分攤結果的差異。在傳統成本制下，WA62 的成本被低估，使得有虛盈實虧的現象，也就是傳統成本制下的毛利事實上根本不存在，因爲在 ABC 成本制下的成本遠高於銷貨收益，這樣的產品賣越多必定虧越多。相對的，WA60 與 WA61 正好相反，在傳統成本制下以爲毛利率不大，但在 ABC 成本制下，其實際上的毛利率其實很大，其圖形的變化會跟 WA62 正好相反，讀者可以自行把 WA60 或 WA61 的成本結構比較圖仿造圖 7-1 畫畫看。

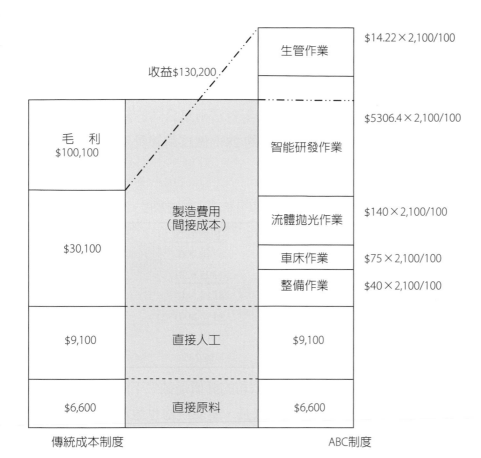

收益$130,200

毛 利
$100,100

製造費用
（間接成本）

$30,100

生管作業 — $14.22 × 2,100/100

智能研發作業 — $5306.4 × 2,100/100

流體拋光作業 — $140 × 2,100/100

車床作業 — $75 × 2,100/100

整備作業 — $40 × 2,100/100

$9,100　直接人工　$9,100

$6,600　直接原料　$6,600

傳統成本制度　　　　　　　ABC制度

圖 7-1 WA62 產品在兩種成本制度下成本結構的比較

7-3 ABC 在行銷與顧客管理上的運用

　　瑞展公司在導入 ABC 制度時，「ABC 推動小組」發現，銷售與管理費用年年攀升，且目前營業淨利是負值，要讓公司轉虧為盈，就得好好控制成本，而要控制成本，除了製造成本的嚴格控制外，銷管費用的控制也是刻不容緩的。

　　對於銷管費用，目前公司是以銷售金額的 28% 的比率，作為分析每一個顧客的獲利性的基礎。但「ABC 推動小組」發現，在瑞展目前的顧客當中，其實顧客特質差異很大，用這種方式分攤銷管費用是不合理的；有的顧客很單純，服務這樣的顧客不必耗費額外的成本，但有的顧客比較難伺候，常常需額外的服務，如果讓每一個顧客都分攤同樣比率的銷管費

用，那不就又跟製造成本在傳統成本制度下，在產品間會有交互補貼的現象一樣了嗎？

例如，利新公司與佑健公司是瑞展的兩家大顧客，對這兩家公司的銷售額不相上下，如表 7-10 所示，去年對這兩家公司的銷售額差不多，依原先的作法，兩家公司均依銷售額的 28% 做爲銷管費用的分攤基礎，這兩家公司的獲利率也都差不多。

表 7-10　顧客獲利率分析表（傳統制度）

	利新公司	佑健公司
銷貨收入	$710,000	$735,000
減：銷貨成本	(395,620)	(401,533)
銷貨毛利	$314,380	$333,467
減：分攤銷管費用（銷貨 × 28%）	(198,800)	(205,800)
營業淨利	$115,580	$127,667
獲利率	16.28%	17.37%

但事實上，公司同仁對這兩家公司的評價是截然不同的，利新公司通常會及早訂貨，交期（lead time）很長，產品規格也穩定，不大需要額外的規格調整，收款也十分穩定，不常發生退貨、延遲付款等情事，且票期都不會開太久，大家對這家公司都有非常好的印象。但佑健公司則是眾所公認的難纏客，每次訂貨都是急如救火，爲了如期交貨，常得將生產線上別家公司的訂單暫停生產以便生產他們的訂單，而它們訂的貨常常要求特殊的規格，技術人員常得疲於奔命，以應付一些額外的技術服務，不但如此，交貨後這家公司通常會有一定數量的所謂瑕疵品退貨，常因此要求貨款額外的折讓（減價），而付款時開出的票期都長達四個月以上。雖然曾有員工建議不要再接佑健公司的單，但張佳年覺得這家公司的獲利率還不錯，要求員工對佑健公司的訂單仍要待之如上賓。

「ABC 推動小組」覺得這兩家顧客的獲利率絕對不是目前的情形，因此決定以製造部門導 ABC 制度的概念爲行銷部門作改造。它們將行銷部門面對顧客所可能碰到的問題以及所可能衍生的動作事項作整理分析，將作業活動分成技術支援、顧客服務、訂單處理、送貨等四項作業活動，並分別找出其動因如表 7-11 所示。

表 7-11	行銷部門動因分析	

作業活動	內容概述	成本動因
技術支援	銷售與技術人員額外的服務。	對個別顧客服務的時間。
顧客服務	行銷人員佣金、出差費、運輸設備耗損折舊等。	實際支出金額。
訂單處理	自接訂單起的所有行政服務，如生產排程、單據處理、聯繫等。	以服務時間及處理的複雜度為基礎的計算公式。
送貨	運送製成品至顧客指定地點（含隔夜費用、急件交貨額外處理費用等）	考慮時間與實際費用的計算公式。

依據 ABC 制度，重新分析利新公司與佑健公司的獲利率，如表 7-12 所示，這兩家公司的獲利率其實有很大的差異，這兩家公司的獲利率分別由先前的 16.28% 與 17.37%（表 7-10），變成 23.21% 與 2.70%，經「ABC 推動小組」的分析，張佳年終於明白利新公司的獲利率遠高於佑健公司，因此決議明年起對利新公司降價 5%，加強維繫與這家優質客戶的關係，對於佑健公司則規定需加收插單（插隊排入生產線）處理費等額外服務的費用，否則就不要與這家廠商往來。

表 7-12	顧客獲利率分析表（ABC 制度）	

	利新公司	佑健公司
銷貨收入	$710,000	$735,000
減：銷貨成本	(395,620)	(401,533)
銷貨毛利	$314,380	$333,467
減：技術支援	(8,000)	(136,820)
顧客服務	(35,000)	(51,000)
訂單處理	(22,000)	(56,350)
運送成本	(84,600)	(69,460)
營業淨利	$164,780	$19,837
獲利率	23.21%	2.70%

這個實例給我們的啟示是，在人力資源有限的情況下，並不是每一個顧客都是值得不計代價的服務，實務上有所謂的「二八法則」，即百分之二十的顧客創造百分之八十的利潤，這也表示部分的顧客可能是沒有獲利的。因此，在資源有限、競爭激烈的環境下，如何管理對顧客的獲利性

（managing customer profitability），是經理人重要的議題，ABC 制度不但用在生產線上，也能幫助經理人做好顧客管理、行銷管理。

ABC 制度最早是應用在製造業的成本管理上，雖然導入 ABC 制度非常耗費人力與時間，但其資訊可以用在許多管理決策上，所發揮的效益絕對不僅止於成本的計算，運用 ABC 的資訊系統在管理決策上，就是所謂的作業基礎管理（Activity Based Management; ABM）。例如，在產品強調顧客導向的客制化生產環境下，當顧客要求特殊規格訂單時，在 ABC 制度下，只要匯集這張特殊訂單所耗用的作業活動數，乘以每一作業活動的標準分攤率，便可以知道這張特殊訂單的成本，可以迅速的對顧客報價。另外，ABC 制度也能幫我們作績效評估，依產品的標準製造程序應該經過幾項作業活動在 ABC 制度下是一定的，若實際作業活動與標準的製程有差異，必定隱含無效率活動的可能性，經理人就能針對異常的活動量加以控制。

雖然 ABC 制度是從製造業發展出來的，但現今 ABC 已經廣泛的用在各行各業，尤其是服務業如銀行、醫院、飯店、航空公司等，這是因為服務業的成本多屬間接成本，且工作複雜度大（例如，飯店的每一位顧客所需的服務內容均不同），若能運用 ABC 制度的精神，將各種動作標準化並且精算出每一個動作的成本，對成本的控管便可以精準的掌握。

7-4 實施作業基礎成本制應注意事項

ABC 制度的概念其實很簡單，但實務上推行 ABC 制度的公司，需要長時間的資訊收集、分析、測試、修正等漫長的過程，且需投入大量的人力，成本十分昂貴，並非每一家導入 ABC 的公司都會成功。推行 ABC 制度無法成功的因素約有下列幾項：

一、目標不明確

ABC 制度的推行，往往在公司裡被認為那只不過是要把成本算得更正確的制度而已，在推導開始時，各部門協助提供資訊分析，之後這些部門就以為沒事了。其實，若只為了把成本算得更正確，推行 ABC 是划不

來的，公司在推行 ABC 制度時，就應該明確的界定推行的目的，例如藉由 ABC 的推行，可以找出最合理有效率的製造程序、消除無效率的動作，或者讓產品成本定價更具有競爭力、運用 ABC 制度的資訊作績效評估等，有了這些目標，整個制度的推行就不再只是會計部門的事了。

當然，我們也不能對 ABC 制度過度的期待，有些顧問為了接案子，常把 ABC 制度過度的吹噓，好像只要導入 ABC 制度，不但能將成本下降、還能使獲利提升，要知道 ABC 是不能幫我們賺錢的，獲利的主要來源還是得靠銷貨收入，ABC 制度只是幫我們建構一套有效的成本分析與管理系統而已。

二、最高階層主管欠缺認知

推行 ABC 制度的成敗關鍵就在資訊的正確與否，而資訊的正確收集，往往需要最高階層的支持與參與，例如，高階主管薪資必須要由各項作業活動吸收，這時必須要高階主管薪資的資訊，以及高階主管平時工作時間的分配。若高階主管沒有對 ABC 制度以及它的功效有充分的認知與認同，便可能隨便填報資料，對於相關資訊的收集也未必會全力支持與協助，且對於 ABC 制度建構的資訊也不知道要如何活用，如此一來，ABC 就很難發揮效能。因此，ABC 制度要成功，最高階主管的參與往往是不可或缺的。

三、把責任推給顧問

在大公司裡，往往有「天高皇帝遠」的不健康文化，往往公司大力宣導 ABC 的效益，並作教育訓練，但基層員工往往一旦碰到困難就丟給顧問，從不自發性的主動思考解決的方法。要知道顧問主要的任務是協助規劃制度的建構，他的工作是有時間性的，當制度推導完畢（或是合約時間一到），顧問就離開了。公司員工應該要把推行 ABC 制度看成是自己的事，認知這些制度對自己業務可能產生的效益，讓這項效益發揮到最大。唯有公司員工具備接手 ABC 制度的資訊收集、調整、修正等能力，ABC 的推行才能長期有效的運作。

四、不理想的 ABC 模型

如前所述，ABC 制度的成敗關鍵就在資訊的正確與否，許多失敗的案例都是因為顧問沒有花費足夠的時間與心思，等到合約期滿便急就章的交一份報告結案，這樣的制度推導必定要失敗。好的 ABC 制度推行，必須有足夠時間收集資訊、測試、宣導，反覆的辯證、調整動作、動因以及分攤率的計算，這個過程是無法避免的。若花費大量成本建構一個不能用的模型，那只是將一個錯誤的成本系統改成令一個錯誤的成本系統而已。

五、個人或組織的抗拒

一個歷史悠久的公司，某些制度往往數十年如一日，老員工對於舊的制度往往情有獨鍾，新制度的推行對於這些老員工往往會產生威脅感，以致可能會有個人或者集體對抗新制度的現象，這種對抗往往是無形的消極對抗；例如，故意提供不正確的資訊，看看工作小組有沒有能力發現更正，或者陽奉陰違，若組織裡有這樣的氣氛，ABC 制度的推行也很難成功。因此，事前作充分的由上而下的溝通，讓員工知道 ABC 制度的推行，對公司、個人都是有好處的，才不至於發生情緒上的反抗。

🔍 問題討論

ABC 制度道德案例

王大維是全能企業管理顧問公司的專案經理，來這家公司前，原本在一家大型會計師事務所當經理，覺得審計工作壓力很大才決定換跑道。來到顧問公司後，發現老闆完全是業績導向，一年來業績一直不好。

目前有家公司找上門來，希望王大維能幫他們提升利潤。王大維聽說瑞展精密機械股份有限公司推導 ABC 制度成效卓著，於是拿瑞展的例子向這家公司大肆宣揚 ABC 制度的威力，宣稱導入 ABC 必定能讓公司降低生產成本，提升利潤。

這家公司的產品很單純，只生產一種老鼠藥，生產流程完全自動化，王大維知道這家公司的問題在行銷與定價策略，而非成本控制，但是若能讓這家公司願意推導 ABC 制度，必然可以替公司增加一筆可觀的顧問費收入，對自己慘淡的業績不無小補。

問題：

王大維的行為有沒有牽涉道德問題？每一家公司都需要導入 ABC 嗎？ ABC 真能讓公司降低成本、提升利潤嗎？

討論：

從課文中我們知道，並不是每一家公司都必須導入 ABC 制度，這家公司是一家產品單一、生產技術純熟、生產流程單純的公司，這樣的公司在傳統成本制度下，或許就能正確的產生成本資訊，在這樣單純的製造環境下要導入 ABC 當然也可以，只是有「殺雞用牛刀」的感覺。而且，ABC 的功能是讓生產成本更佳精緻、正確，並不是可以「降低成本」，因為生產總成本是不變的。王大維明明知道這個道理，卻為了業績考量而給顧客錯誤的資訊，這在實務上確實存在。因此，企業經理人在與管理顧問交往的過程中，也必須對顧問所提議的管理工具有所瞭解，以免任人宰割。

本章回顧

　　傳統的分步成本制、分批成本制製造成本中，通常以一兩種分攤基礎（例如，機器小時或人工小時）將製造費用（間接成本）分攤到生產部門或產品，若製造費用所占的比重不大，對於產品成本的衡量誤差不大。但若 (1) 製造費用所占比重大、或 (2) 產品多樣化且各種產品的成本結構差異大，則多耗用分攤基礎成本動因（例如，機器小時）的產品，得多分攤製造費用，相對的，必定有其他產品會少分攤製造費用（因為總製造費用固定），造成產品成本相互補貼的扭曲現象。

　　作業基礎成本制則是先分析生產過程中將動用哪些活動或作業，將所有成本依因果關係分由這些活動吸收（累積），再將之除以作業活動量，便可以計算出每一項作業活動的分攤率，原則上要將所有發生的成本，均能歸屬到作業活動。因此作業基礎成本制下，會有多個成本分攤率，產品成本取決於生產過程中所耗用的動作量而定（作業動因分攤率乘以動因量）。不論分步、分批，或者試作業基礎成本制，生產的總成本並沒有改變，只是對於製造費用的分攤方法不一樣，使得最後分攤給這各種產品的金額也就不一樣。

　　作業基礎成本制的概念，也可以用在行銷等分生產部門，實務上也廣泛的運用在服務業等非製造產業。然而推動作業基礎成本制要成功必須要有許多因素的配合，通常造成作業基礎成本制無法成功的因素如 (1) 目標不明確；(2) 最高階層主管欠缺認知；(3) 把責任推給顧問；(4) 不理想的 ABC 模型；以及 (5) 個人或組織的抗拒等。

本章習題

一、選擇題

(　　) 1. 下列敘述是傳統成本制度與作業制成本制度的差異，何者錯誤？

(A) 作業制成本制度的製造費用成本庫的數目通常較多

(B) 作業制成本制度的分攤基礎數目通常較多

(C) 相較於傳統成本制度成本庫中的成本，作業制成本制度成本庫中的成本通常較同質

(D) 所有作業制成本制度都是一階段成本制度，而傳統成本制度可能一階段或是兩階段。　　　　　　　　　　　　　　　　　（100 普考）

(　　) 2. 甲公司採用作業基礎成本制，該制度的特色為何？

(A) 適用於分步成本制度，但不適用於分批成本制度

(B) 適用於分批成本制度，但不適用於分步成本制度

(C) 試圖將原本被歸類為間接成本的項目，轉變為具有直接成本的性質

(D) 只適用於三階段的分攤方式。　　　　　　　　　　　（100 普考）

(　　) 3. 要成功實施作業基礎成本制度，下列敘述何者錯誤？

(A) 應獲得高階主管的支持

(B) 應體認作業基礎成本資訊並非完美

(C) 應營造公司為何需要實施作業基礎成本制度的氛圍

(D) 應迅速達成重大改變，以快速證明作業基礎成本制度是有效果的。

　　　　　　　　　　　　　　　　　　　　　　　　（106 地特四等）

(　　) 4. 實施作業基礎成本制度時，常需將成本區分為不同之成本層級，則開機成本及機器維修成本分別屬於那一個成本層級？　①產出單位水準成本（output unit-level costs）②批次水準成本（batch-level costs）③產品支援成本（product-sustaining costs）④設備支援成本（facility-sustaining costs）

(A) ①、②　(B) ①、④　(C) ②、①　(D) ②、③。　　　（106 高考三等）

(　　) 5. 使用直接人工小時為單一預計間接成本之分攤基礎，很容易造成何項結果？

(A) 預計間接成本分攤率被高估

(B) 低估低單價產品的產品成本

(C) 少攤成本給生產數量高的產品

(D) 低估生產數量低、製程複雜的產品成本。　　　　（105 地特三等）

（　　）6. 公司為新產品所支出之行銷成本係屬於何種成本類型？

    (A) 單位水準成本 　　　　　　(B) 批次水準成本

    (C) 產品支援成本 　　　　　　(D) 設施層級成本。 　　　　（103 高考三等）

（　　）7. 下列有關作業基礎成本制與傳統成本制之比較，何者錯誤？

    (A) 作業基礎成本制係採用兩階段成本分配方式

    (B) 傳統成本制亦可能採用兩階段成本分配方式

    (C) 採用作業基礎成本制可提高產品直接材料成本計算之精確性

    (D) 採用傳統成本制會高估高產量產品之成本。 　　　　（103 高考三等）

（　　）8. 在作業基礎成本制下，生產排程作業屬於下列何種作業層級？

    (A) 單位層級　(B) 批次層級　(C) 產品層級　(D) 顧客層級。（102 地特三等）

（　　）9. 下列何者為批次水準成本？

    (A) 間接原料的成本 　　　　　(B) 整備成本

    (C) 產品生產人員的薪水 　　　(D) 廠房折舊與保險。 　　　（101 地特四等）

（　　）10. 甲公司有下列作業基礎成本制相關資料：

作業成本庫	成本總額	總作業量
組合	$1,137,360	84,000 機器小時
訂單處理	28,479	1,100 筆
檢驗	97,155	1,270 檢驗小時

    甲公司產品 W26B 每年產銷 470 單位，需要 660 個機器小時、50 筆訂單與 40 個檢驗小時。每單位 W26B 耗費直接原料成本 $40.30，直接人工成本 $42.22。若產品售價每單位 $118，在作業基礎成本制下，銷售 W26B 之毛利為多少？

    (A) 每單位 $6,444.70　(B) 每單位 $4,679.20

    (C) 每單位 $3,384.70　(D) 每單位 $16,675.60。 　　　　（102 地特三等）

二、計算題

1. 乙診所於今年採用時間導向的作業基礎成本制度（time-driven ABC），在該制度下，診所對護理人員進行訪查及觀察，得到主要三個活動的單位時間（處理病人掛號及結帳：5 分鐘；配藥：6 分鐘；抽血：3 分鐘）。今年 8 月該診所產生之間接成本（護

理人員薪資與行政費用等）為 $1,000,000，護理人員的實質產能為 2,000,000 分鐘，其他之相關資料如下：

作業別	作業數量	成本動因
處理病人掛號及結帳	40,000 人	病人數量
配藥	35,000 張	處方籤數量
抽血	1,000 人次	檢驗人次

試作：

(1) 計算每分鐘之單位成本。

(2) 計算今年 8 月配藥及抽血作業之成本動因率。　　　　　　　　（104 普考）

2. 乙公司目前使用人工小時分攤間接成本，每小時分攤率為 $150。該公司最近想以作業基礎成本觀念改良成本分攤的方式，於是請相關部門蒐集作業活動與成本資訊如下：

作業活動	成本動因	分攤率
機器運轉	機器小時	$20/ 每小時
組裝	人工小時	$10/ 每小時
材料處理	材料數量	$5/ 每單位

試問：

(1) 在目前成本制度下，該公司生產一批次 200 單位的產品（該批次產品需要耗用 12 個機器小時、10 個人工小時、120 單位材料），其每單位產品之間接成本為何？

(2) 若乙公司改採用作業基礎成本制分攤間接成本，該公司生產一批次 200 單位的產品（該批次產品需要耗用 12 個機器小時、10 個人工小時、120 單位材料），其每單位產品之間接成本為何？

　　　　　　　　　　　　　　　　　　　　　　　　　　（104 普考改編）

3. 甲渡假村擁有一訂位部門接受訂位，訂位服務成本是以訂位電話通話時間分攤給豪華、休閒、標準與經濟四種房型，其他成本則以每種房型之訂房次數分攤。甲渡假村近來想以更精確的方式，來分攤其訂位服務成本，以增加競爭力。與訂位服務相關資料如下：

	通話時間 （千分鐘）	訂位次數 （千次）
豪華	750	50
休閒	1,250	100
標準	2,000	300
經濟	1,500	250

訂位部門人事成本為 $2,410,000，當期其他成本僅有設備的成本，計算 $1,240,000，該項成本之習性為固定成本。

試作：計算每一房型分攤之成本（計算至小數點以下第三位，餘四捨五入）

(1) 採單一費率法（根據通話時間）。

(2) 採雙重費率法（人事成本採通話間分攤，其他成本採訂房次數分攤）。

（103 地特）

4. 甲公司製造兩型的桌子——標準型與舒適型，下列是各型的相關作業與成本資訊：

產品	整備數	零件數	機器運轉小時數	直接人工小時數
標準型	11	4	8	375
舒適型	14	6	12	225
製造費用	$20,000	$30,000	$10,000	

(1) 假設傳統成本法分攤製造費用 $60,000，是採用直接人工小時，請問在傳統成本法下標準型應分攤多少成本？

(2) 若改採作業基礎成本制，舒適型應分攤多少成本？ （102 會計師改編）

5. 甲公司生產足球與棒球，此兩產品製造費用之相關資料如下，試依作業基礎成本制（ABC）之精神，計算每種產品之單位製造費用（計算值四捨五入至小數點後第二位）：

	足球	棒球	總成本
生產數量	100,000	150,000	
機器小時	5,000	10,000	$375,000
製造運轉次數	20	40	$120,000
檢驗小時	2,000	1,000	$105,000

（102 地特改編）

6. 甲公司為兩種產品記錄成本資訊如下：

	產品 A	產品 B	合計
生產數量	2,000	1,000	
直接製造人工小時總額	5,000	20,000	25,000
每批次整備成本	$1,000	$2,000	
每批次單位數	100	50	
整備成本發生總額	$20,000	$40,000	$60,000
每單位所需直接製造人工小時	2	1	

傳統成本制度以直接製造人工小時分攤整備成本，作業基礎成本制度則以批次分攤整備成本，試問每生產一單位產品 A，在傳統成本制度與作業基礎成本制度下，所需整備成本為何？ （98 地特三等改編）

7. 甲公司生產三種型式的玩具車，其相關資料如下：

	型式一	型式二	型式三
生產數量	200	600	2,500
直接人工小時	4,000	2,000	4,000
每批生產量	20	40	100
運送次數	200	225	275
工程變更數	15	10	5

在製造過程中，開始新的批次製造均須整備作業。製造成本包含：整備成本 $45,000；運送成本 $70,000；工程成本 $90,000。若公司選定作業基礎成本制度，試問型式一每單位的製造費用為多少元？ （99 會計師改編）

8. 甲公司製造兩種類型的音響設備，其於 t 年相關資訊如下

	基本型	創新型
零件數	10	40
每單位直接人工小時	1.2	2.2
總直接人工小時	156	550
每批生產數量	10	5
整備次數	13	50
零件處理次數	20	80

相關製造費用之資訊為：零件處理總成本為 $100,000，總人工成本為 $42,360，整備總成本為 $3,150，傳統成本分攤法是以直接人工小時為分攤基礎，試問在傳統成本分攤法下，每單位基本型音響設備應分攤的製造費用為多少元？　　　　（會計師改編）

9. 甲公司使用三個成本庫分攤其製造費用，下列資料係為下年度之估計數

成本庫	製造費用	成本動因	作業水準
直接人工之監督	$320,000	直接人工時數	800,000
機器維修	$120,000	機器時數	960,000
工廠租金	$200,000	面積（平方呎）	100,000
總製造費用	$640000		

依據會計資料顯示，#100 訂單耗用下列資源

成本動因	實際水準
直接人工時數	200
機器時數	1,600
面積（平方呎）	50

(1) 假如甲公司僅以直接人工時數作為分攤其製造費用之單一成本動因，試問其單一成本動因分攤率為若干？

(2) 若改用作業基礎成本制，試問其成本動因為何？　　　　（會計師改編）

10. 甲公司正在規劃其年度預算，有關公司內部對個別產品的獲利分析，管理當局認為應該將製造費用分攤到個別產品線，相關資料如下：

預計材料處理成本 $50,000

產品	A －牆面鏡產品	B －特殊鏡面
生產單位數	25	25
每條生產線的材料移動次數	5	15
單位直接人工小時	200	200

若該公司採用直接人工小時作為分攤製造費用的基礎，試問材料處理成本分攤至產品 A －牆面鏡的單位成本為何？　　　　（106 地特三等改編）

CHAPTER

8

聯合成本

1. 聯合成本的意涵。
2. 聯合成本的分攤方式。
3. 聯合成本分攤應考量之因素。
4. 副產品的會計處理。

引言

瑞展公司因面臨市場激烈競爭，佳年認為相關產品的訂價必須精準且合理，方能更具競爭力，有了初步概念後馬上找來財務部范經理及生產部門吳經理，先行了解有關產品生產流程及原料成本的投入等問題，以擬定相關的策略。吳經理首先就其所負責之製程說明原料投入到多項產品產出的整個過程，而范經理隨後接續解釋這種聯合生產（joint production）的成本起因於生產的過程中，一種原料的投入可能會產生多種產品，而各種產品的成本會因其製造過程的複雜度而有所不同。

8-1 聯合成本之概念

范經理表示在生產過程中，投入一種原料有時可生產出兩種以上的產品，此類產品稱為聯合產品或聯產品（joint product）。這些聯產品依據其銷售價值而被認定為主產品及副產品。具最高銷售價值的產品稱之為主產品（main product），銷售價值則僅次於主產品者，稱之副產品（by-product）。

在聯合生產過程中，投入的原料成本與加工成本即為聯合成本（joint cost）。聯合成本終將分攤至所有的產品上，但分攤聯合成本前，須先確認聯合生產的分離點。分離點（split off point）意指聯合生產過程中，多項產品可被個別認定（或分離）的時點（圖 8-1）。若產品過分離點後又繼續加工，而所發生的成本稱之為可分離成本（separable cost），此成本可直接歸屬至該產品上。瑞展公司的聯合生產過程（圖 8-1）中，投入鋼材原料而生產了平齒輪、錐齒輪及斜齒輪等三種產品，因此投入的鋼材原料成本與加工成本可稱為聯合成本。此後，聯合產品繼續加工生產出其他不同的產品所耗費的生產成本，稱為可分離成本。圖 8-1 中，平齒輪可繼續加工而生產出平齒輪 A1 及平齒輪 A2 兩種產品，而生產此兩產品所發生的成本即為該兩產品的聯合成本。

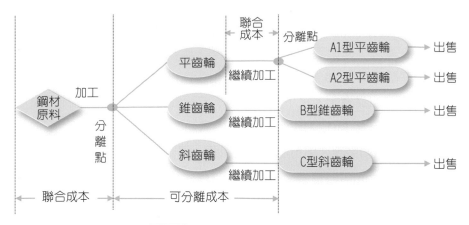

圖 8-1 瑞展公司的聯合生產

　　聯合成本的分攤用意在於區分個別產品的製造以及存貨成本、銷貨成本等資訊，以方便公司進行精確的報價或其他管理決策。此外，若公司存貨受損（例如：颱風造成倉庫中的存貨受損），保險公司對於產品的保險理賠也常參考公司所提供的各種產品的成本資訊作為計算基準。

　　對此，董事長張佳年先生對於聯合成本分攤的合理性提出了質疑，因此財務部吳經理為董事長分析了四種分攤聯合成本的方法。

> 聯合成本的分攤用意在於區分個別產品的製造以及存貨成本、銷貨成本等資訊，以方便公司進行精確的報價或其他管理決策。

成會焦點

從假油案到地溝油，頂新集團的「中標率」竟達百分之百

圖片來源：味全官網

　　地溝油原本被認為是中國的「特產」，是指從地溝的廢棄食物與殘渣中提煉出的油，它也包括餿水油、萬年油等廢棄食用油。幾年前中國學者根據食用油的使用量及合法生產量相比，估計中國存在一成左右的地溝油；接著官方查緝發現不少生產地溝油的不法業者。

　　當時，所有人看到生產地溝油的過程，都是噁心、驚嚇兼具；看著那些丟棄的食物、死雞、死貓、餿水，被業者一起混合，進而「提煉」出讓人們食用的油；看著生產地方的髒亂、污濁、油脂四溢、老鼠四竄，臺灣人是很慶幸臺灣至少沒有地溝油，也對中國的食安、業者的道德大搖其頭。不過，這個惡夢降臨了，臺灣也有地溝油，而且，已經有不少人吃下肚了。整個過程就是一個層層關卡鬆散、貪小便宜所造成的災難。

　　一般認為假油、地溝油等劣質－甚至有毒的食用油，大部份是出現在食安死角的夜市、地攤、小商家，但在臺灣，卻出現在大廠、品牌商身上。購買地溝油作原料的強冠公司，並非無名小卒，在臺灣搞了 20 幾年的食用油，也名列掛牌上市的興櫃公司之中，卻把地溝油買回調製成全統油品賣出。接下去中標的下游廠商更多，而且全部是國內知名廠商與品牌－頂新集團的味全有 12 種產品用上了地溝油，還有味王、美而美、牛頭牌、奇美食品等。有關單位繼續調查，這份名單大概還有「無限增長」的潛力吧！

　　難道這些廠商對自己使用的原料來源、產製過程，毫不在意、所以也毫無把關機制嗎？強冠公司的人怪罪說，賣地溝油的郭姓業者帶他們去看別人的廠房，如果他們看到實際工廠那麼髒，誰敢跟他買原料？這段話其實就擺明了業者的把關是形同虛設，如此容易受騙，當然，更可能是根本是內賊通外鬼。

　　其它中標的廠商，都是國內著名的品牌食品業者，更是不應該。一般製造業對上游供應廠商，都有嚴格、層層的把關機制，從生產監控、測試，到認証接受，都需要相當時日；即使接受原料廠商的供料，後續的監控機制仍在。但從假油案到今天的地溝油事件，外界看到的是：關係著民眾健康的食品業，對原料廠商的監管、測試鬆散，只要便宜一點，什麼都收！這是那門子的把關？是那一種層級的企業生產管控？更是那一流的企業道德？

　　發生食安事件時，我們較難對那些毫無知識、能力作辨別的小麵店、小攤販過份苛責，因為他們較缺乏知識、能力及資源作辨別；但越大的廠商越該被責怪，因為他們理應有能力、也應該幫消費者作把關，這也是他們品牌價值的根源。

　　以頂新集團而言，到中國發展多年，已成為中國最大的食品集團之一；回臺投資，買下臺灣老牌食品企業味全，同時跨足電信、有線電視等領域，顯然有在臺深耕的企圖心。但這 1 年來國內最重大的 2 個食安事件—假油案與地溝油案，頂新全部涉及，而本身作為食用油廠商，頂新踩中地溝油地雷，更讓人意外與不解；如果頂新是為了賺錢、貪便宜、卻不顧消費者食安，那是百分之百的黑心；如果是漫不經心、管理鬆散踩中地雷，那是無心、無能。

　　無論是那個原因，都讓外界對頂新集團的企業經營管理能力，甚至企業道德，打出一個大問號，社會形象更跌到谷底，黑心食品商的斥責揮之不去。揹著這種形象，頂新要推 4G 電信業務，大概很難不受影響吧？對國內食品業者而言，從塑化劑事件、假油案到地溝油案，業者的管理、把關、監控機制，確實大有問題，是該作大幅改革的時候了。

資料來源：商周 .com

8-2　聯合成本的分攤方法

　　聯合生產的過程中，因原料的投入而產生多種產品。為求合理分攤及計算原料投入成本及加工成本，通常會依據兩類的分攤基礎（實體基礎及市價基礎），來分攤原料及加工成本。

一、以實體為基礎的分攤

（一）實體數量法

　　分攤聯合成本時，採用實際生產的數量作為分攤的依據。這個方法以個別產品的產量對總生產量的相對比例作為分攤聯合成本的基礎。用實體數量法（Physical-measure method）分攤聯合成本通常用在聯合生產過程中所生產的各類產品之同質性較高，而且各個產品獲利水準相當一致的情況。實務上，由於聯合生產出來的各種產品，其銷售價值與數量可能不一定呈正比，因此用實體數量法分攤聯合成本，價值大的產品不一定會分攤較多的成本。

　　以瑞展公司為例，瑞展公司為生產齒輪，須向鋼材製造商購入特殊鋼材以生產不同等級的齒輪。鋼材經加工後，產出平齒輪 5,200 單位、錐齒輪 5,500 單位、斜齒輪 5,500 單位。下列為 09 年 11 月的生產資料彙總：

鋼材購入量	20,000 單位
鋼材購入成本	$100,000
鋼材加工成本	$200,000
平齒輪	5,200 單位，單位售價 $50
錐齒輪	5,500 單位，單位售價 $30
斜齒輪	5,500 單位，單位售價 $20

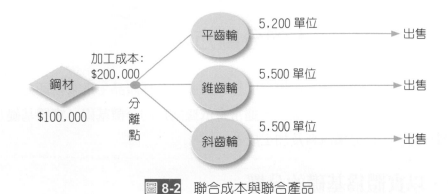

圖 8-2 聯合成本與聯合產品

依實體數量概念，瑞展公司生產三種齒輪：平齒輪 5,200 單位，占總產量的 32%；錐齒輪 5,500 單位，比重為 34%；斜齒輪 5,500 單位，比重為 34%（參見表 8-1）。依據實體數量法分攤聯合成本後，各項產品的簡易損益表如表 8-2 所示。

表 8-1 實體數量法之聯合成本分攤比例

聯合產品	實體數量	分攤比例
平齒輪	5,200	0.32
錐齒輪	5,500	0.34
斜齒輪	5,500	0.34
合計	162,000	

表 8-2 以實體數量法分攤聯合成本

品項	平齒輪	錐齒輪	斜齒輪	合計
銷貨：				$535,000
平齒輪 (5,200 × $50)	$260,000			
錐齒輪 (5,500 × $30)		$165,000		
斜齒輪 (5,500 × $20)			$110,000	
銷貨成本：				(300,000)
平齒輪 ($300,000 × 0.32)	(96,000)			
錐齒輪 ($300,000 × 0.34)		(102,000)		
斜齒輪 ($300,000 × 0.34)			(102,000)	
銷貨毛利	$164,000	$63,000	$8,000	$235,000
銷貨毛利率	63.08%	38.18%	7.27%	43.93%

二、市價基礎的分攤

(一) 分離點銷售價值法（Sales values at split off approach）

假設經由聯合生產過程所生產的多項產品將不再進一步加工時，即可使用分離點銷售價值法來分攤聯合成本。這個方法是以各產品之最終銷售價值占全部產品的總銷售價值之比率作為權數，以此權數作為分攤聯合成本的依據。

圖 8-3 顯示聯合生產過程中所發生的聯合成本，及平齒輪、錐齒輪、斜齒輪等三種齒輪的產量及銷售價值。依據分離點後各產品的銷售價值來分攤聯合成本時，分攤的比例如表 8-3，聯合產品簡易損益表如表 8-4。

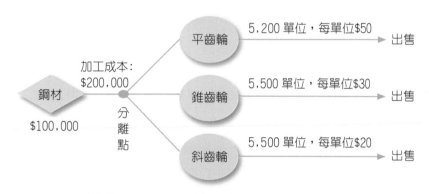

圖 8-3 聯合成本、聯合產品產量與銷售價值

表 8-3 分離點銷售價值法之聯合成本分攤比例

聯合產品	銷售價值	分攤比例
平齒輪	$260,000	0.48
錐齒輪	$165,000	0.31
斜齒輪	$110,000	0.21
合計	$535,000	

表 8-4　分離點銷售價值法之聯合成本分攤

品項	平齒輪	錐齒輪	斜齒輪	合計
銷貨：				$535,000
平齒輪 (5,200 × $50)	$260,000			
錐齒輪 (5,500 × $30)		$165,000		
斜齒輪 (5,500 × $20)			$110,000	
銷貨成本：				(300,000)
平齒輪 ($300,000 × 0.48)	(144,000)			
錐齒輪 ($300,000 × 0.31)		(93,000)		
斜齒輪 ($300,000 × 0.21)			(63,000)	
銷貨毛利	$116,000	$72,000	$47,000	$235,000
銷貨毛利率	44.62%	43.64%	42.73%	43.93%

依此方法分攤聯合成本暨簡單又合理，原因是各種產品皆有其最終的銷售價值。此資訊可自過去公司的交易或從市場上取得，符合會計的可靠性原則。

（二）淨變現價值法（Net realized value approach）

有時聯合生產中所產出的產品在分離點時可能尚未達可銷售之狀態，為了增加該產品的銷售價值，須繼續加工，以期提高該產品的銷售價值。個別產品繼續加工所產生的加工成本，稱為可分離成本（separable cost）。此時，因分離點時並無市價可供計算各產品的相對價值，故無法以分離點時的銷售價值作為分攤基礎。此時可改以各項產品於分離點後繼續加工的淨變現價值為權數用以分攤聯合成本。所謂淨變現價值是指最終銷售價值減去可分離成本的部分。淨變現價值法下，依據分離點後，個別產品的淨變現價值占全部產品的淨變現價值之比率來分攤聯合成本。

專有名詞
淨變現價值
指最終銷售價值減去可分離成本的部分。

聯合生產過程中，所有產品可能必須繼續加工才可出售，或者僅部分產品必須繼續加工再出售。視繼續加工與否，依下列兩種情況分別說明：

1. 全部產品繼續加工下的聯合成本分攤

　瑞展公司經聯合生產後，生產了平齒輪、錐齒輪、斜齒輪等三種齒輪。為使產品的銷售價值提高，瑞展公司決定將這三項產品繼續加工。經繼續加工後，生產 A 型平齒輪、B 型錐齒輪及 C 型斜齒輪。圖 8-4 顯示全部產品繼續加工後之聯合成本、可分離成本、聯合產品產量與銷售價值等資訊。依據分離點時個別產品的淨變現價值占全部產

品的淨變現價值的比率來分攤聯合成本時，成本分攤比例如表 8-5，
各式齒輪的簡易損益表如表 8-6。

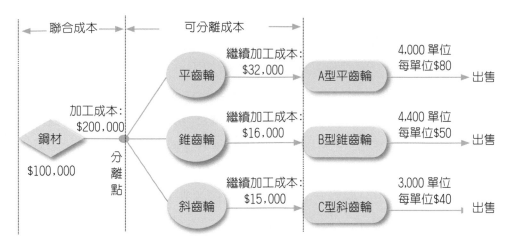

圖 8-4 全部產品繼續加工後之聯合成本、可分離成本、聯合產品產量與銷售價值

表 8-5 全部產品繼續加工下的聯合成本分攤比例

品項	最終銷售價值	可分離成本	淨變現價值	分攤比例
A 型平齒輪	$320,000	$32,000	$288,000	0.48
B 型錐齒輪	220,000	16,000	204,000	0.34
C 型斜齒輪	120,000	15,000	105,000	0.18
合計	$660,000	$63,000	$597,000	

表 8-6 淨變現價值法之聯合成本分攤（全部產品繼續加工）

品項	A 型平齒輪	B 型錐齒輪	C 型斜齒輪	合計
銷貨：				$660,000
A 型平齒輪 (4,000 × $80)	$320,000			
B 型錐齒輪 (4,400 × $50)		$220,000		
C 型斜齒輪 (3,000 × $40)			$120,000	
銷貨成本：				(300,000)
聯合成本：				
A 型平齒輪 ($300,000 × 0.48)	(144,000)			
B 型錐齒輪 ($300,000 × 0.34)		(102,000)		
C 型斜齒輪 ($300,000 × 0.18)			(54,000)	
可分離成本：	(32,000)	(16,000)	(15,000)	(63,000)
銷貨毛利	$144,000	$102,000	$51,000	$297,000
銷貨毛利率	45.00%	46.36%	42.50%	45.00%

2. 部分產品繼續加工下之聯合成本分攤

瑞展公司經聯合生產後，生產了平齒輪、錐齒輪、斜齒輪等三種齒輪。其中斜齒輪已達可銷售狀態，且該產品功能及價格已為市場所接受，目前斜齒輪生產 5,500 單位，每單位售價 $20，預計將有 $110,000 的銷貨收入。平齒輪與錐齒輪若繼續加工，可提高該產品的銷售價值。圖 8-5 顯示部分產品繼續加工後之聯合成本、可分離成本、聯合產品產量與銷售價值等相關資訊。瑞展公司決定將平齒輪與錐齒輪等兩齒輪繼續加工，生產出 A 型平齒輪及 B 型錐齒輪，而斜齒輪則直接出售。根據個別產品淨變現價值（或銷售價值）占全部產品總淨變現價值的比例來分攤聯合成本，分攤比例如表 8-7，各項產品的簡易損益表如表 8-8。

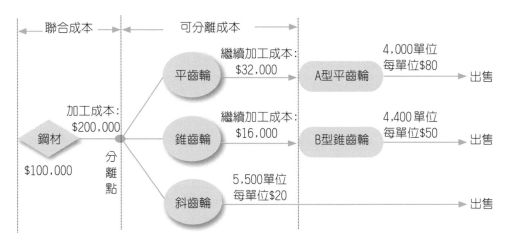

圖 8-5　部分產品繼續加工後之聯合成本、可分離成本、聯合產品產量與銷售價值

表 8-7　部分產品繼續加工下的聯合成本分攤比例

聯合產品	最終銷售價值	可分離成本	淨變現價值	分攤比例
A 型平齒輪	$320,000	$32,000	$288,000	0.48
B 型錐齒輪	220,000	16,000	204,000	0.34
斜齒輪	110,000	0	110,000	0.18
合計	$650,000	$48,000	$602,000	

表 8-8 淨變現價值法之聯合成本分攤（部分產品繼續加工）

品項	A 型平齒輪	B 型錐齒輪	斜齒輪	合計
銷貨：				$650,000
A 型平齒輪 (4,000 × $80)	$320,000			
B 型錐齒輪 (4,400 × $50)		$220,000		
斜齒輪 (5,500 × $20)			$110,000	
銷貨成本：				(300,000)
聯合成本：				
A 型平齒輪 ($300,000 × 0.48)	(144,000)			
B 型錐齒輪 ($300,000 × 0.34)		(102,000)		
斜齒輪 ($300,000 × 0.18)			(54,000)	
可分離成本：	(32,000)	(16,000)		(48,000)
銷貨毛利	$144,000	$102,000	$56,000	$302,000
銷貨毛利率	45.00%	46.36%	50.91%	46.46%

（三）固定毛利率淨變現價值法（Constant Gross-Margin rate NRV approach）

此方法是以所有聯合產品之平均銷貨毛利率作為分攤聯合成本的依據。因此，首先必須先計算出聯合產品的平均銷貨毛利率：

$$固定銷貨毛利率 = \frac{個別產品之最終銷售價格合計 -（聯合成本＋可分離成本）}{個別產品之最終銷售價格合計}$$

以此固定銷貨毛利率推算個別產品的銷貨成本，再以個別產品的銷貨成本減去該產品的可分離成本後，即為該產品所應分攤的聯合成本。

以瑞展公司全部產品繼續加工下的聯合分攤成本資訊（參見圖 8-6）為例。表 8-9 中，經繼續加工後，個別產品之最終銷售價值合計為 $660,000，減除聯合成本 $300,000 與可分離成本 $63,000 後所計算出的固定銷貨毛利率為 45%。固定銷貨毛利法之各項產品簡易損益表如表 8-9。

$$固定銷貨毛利率 = \frac{\$660,000 -（\$300,000 ＋ \$63,000）}{\$660,000} = 45\%$$

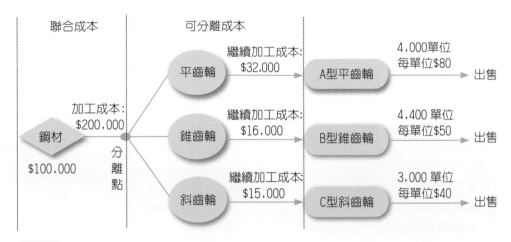

圖 8-6 全部產品繼續加工後之聯合成本、可分離成本、聯合產品產量與銷售價值

表 8-9 全部產品繼續加工下的聯合成本分攤比例

聯合產品	最終銷售價值	可分離成本
A 型平齒輪	$320,000	$32,000
B 型錐齒輪	220,000	16,000
C 型斜齒輪	120,000	15,000
合計	$660,000	$63,000

表 8-10 固定銷貨毛利率淨變現價值法之聯合成本分攤

品項	A型平齒輪	B型錐齒輪	C型斜齒輪	合計
銷貨：				$660,000
A 型平齒輪 (4,000 × $80)	$320,000			
B 型錐齒輪 (4,400 × $50)		$220,000		
C 型斜齒輪 (3,000 × $40)			$120,000	
銷貨毛利：				(297,000)
A 型平齒輪 ($320,000 × 0.45)	(144,000)			
B 型錐齒輪 ($220,000 × 0.45)		(99,000)		
C 型斜齒輪 ($120,000 × 0.45)			(54,000)	
銷貨成本：	176,000	121,000	66,000	363,000
可分離成本：	(32,000)	(16,000)	(15,000)	(63,000)
聯合成本：	($144,000)	($105,000)	($51,000)	($300,000)
銷貨毛利率	45.00%	45.00%	45.00%	45.00%

三、分攤方法的選擇

公司管理評估應選擇何種方法以合理分攤聯合成本時，通常應考慮下列事項：

1. 聯合產品銷售價值的可衡量性：為了取得合理的分攤基礎，聯合生產後的最終銷售價值是最佳指標。因此，瑞展公司須詳細估計聯合產品的最終價值，以作為合理分攤的依據。

2. 聯合產品繼續生產後的附加價值提升：瑞展公司也須考慮聯合生產後產品是否值得繼續生產的問題。若瑞展公司發現繼續生產將提高產品的附加價值，且附加價值超過該產品的增額投入成本（即產品的淨現值須大於零），則該產品便值得繼續進行加工。

3. 簡便之估計方式：瑞展公司亦須考慮到計算的便利性。為求公平合理，採用過於複雜的計算方式，有違成本效益原則。

　　分離點銷售價值法具備公平、合理及簡單易算等多項優點。淨變現價值法則用於產品繼續加工情況下，而固定銷貨毛利率淨變現價值法以每一項產品的銷貨毛利率一致的基礎下，所進行的聯合成本分攤。

8-3　聯合成本分攤之攸關決策問題

　　從上述各種聯合成本分攤方法可知，銷售價值是聯合成本的分攤依據。就成本的攸關性而言，聯合生產完工時，聯合成本即為沉沒成本（sunk cost），個別產品是否繼續加工則須視該產品是否創造出更多利潤（淨變現價值）。即當繼續加工後的產品之淨變現價值高於加工前的產品收益及額外加工成本時，該產品才有繼續加工的可能性。

　　瑞展公司面臨聯合產品的後續加工問題，不管聯合產品的繼續加工與否，已發生的聯合成本無法影響聯合產品的繼續加工決策。對於聯合產品是否繼續加工，考量重點應比較聯合產品因繼續加工所產生的增額成本（incremental cost）及增額的銷售利益（incremental revenue）。

表 8-11　繼續加工前後之增額利潤比較

聯合產品	後續加工產品	加工前銷售價值 (A)	加工後銷售價值 (B)	增額銷售價值 (C)	可分離成本 (D)	增額利潤 (C-D)
平齒輪	A 型平齒輪	$260,000	$320,000	$60,000	$32,000	$28,000
錐齒輪	B 型錐齒輪	165,000	220,000	55,000	16,000	39,000
斜齒輪	C 型斜齒輪	110,000	120,000	10,000	15,000	(5,000)
合計		$535,000	$660,000	$125,000	$63,000	$62,000

如表 8-11 所示，不考慮聯合成本的分攤，則平齒輪繼續加工後，產生 A 型平齒輪，其增額收益為 $60,000($320,000 – $260,000)，而增額成本為 $32,000，因此 A 型平齒輪所產生的增額利潤為 $28,000。同樣地，B 型錐齒輪所產生的增額利潤為 $39,000 [($225,000 – $165,000) – $21,000]；C 型斜齒輪所產生的增額損失為 -$5,000[($120,000 – $110,000)-$15,000]。經由詳細計算後，除斜齒輪直接出售外，瑞展公司決定平齒輪與錐齒輪繼續加工再行出售，以增加公司收益。

成會焦點

中華航空改造服務流程，商務艙服務全球第一

一、成本降 1%、單位收益卻增 10%

2006 年，航空服務調查機構 Skytrax Research，在全球六十六家航空公司服務評比中，評選中華航空為「商務艙」整體服務品質第七名，首度擠進全球前十名。而其中的商務艙人員服務品質評比，華航更在 2005、2006 連續兩年奪得全球第一。但 2004 年之前，華航服務品質甚至不曾擠進前三名。這是華航從 2004 年開始，

圖片來源：中華航空臉書

進行服務品質改造的結果。總經理趙國帥表示，過去華航把大量資源投注在硬體設備，但是服務品質，卻只是停留在「中規中矩」而已，例如雖然艙等有頭等、商務、經濟艙之分，但其實三種艙等的服務並沒有等同票價所呈現的差距。

二、不增預算的流程改造，人力彈性調配，服務品質不打折

華航定下目標為在相同的預算內，擴大服務品質的差距，希望讓為公司帶來較高獲利的高艙等客戶感覺實至名歸，同時也讓經濟艙的旅客感覺服務沒有縮水。然而，不能增加預算，自然無法用擴編空服組員的方式來提升服務品質，華航於是進行服務流程的改造。

首先是重新調整人力配置：過去的空服員配置十分制式，每個空服員都有專門負責的工作，例如有一人專責廚房、有兩人負責送飲料。廚房的空服員，在用餐時間忙翻了，但非用餐時間，卻閒著沒事。後來，華航打破職責畫分，廚房就從一人專職，變成八個

人共同協調工作，從此，非用餐時間，就不會有閒置的人力。再來是改善流程：空服處管理部檢討每項服務的流程，像過去經濟艙的送餐程序，是先送完一輪飲料之後再出餐，現在就改為同時出餐和飲料，不但節省人力，也讓乘客更快享用到餐飲。人力彈性調度、派遣及流程改善的效益是，人力更精簡，服務品質不打折。例如七四四大型客機，依航程地點、飛行時間不等，即可節省兩到三個人力。每週翻新菜單，推出空中小籠包，由預熱到送達，精準以秒計算。

在高級艙等中，華航標榜讓乘客享受到五星級的服務，除了特製由知名書法家董陽孜書寫的精美菜單，讓乘客有奢華的感受之外，另有 MVC（most valuable customer，最有價值顧客）系統，記錄頭等艙、商務艙常客的喜好，提供客製化的服務。當飛機起飛後，空服員會為長期搭乘的旅客遞送慣用的特調花茶或咖啡，甚至連茶杯杯耳是不是放在客人慣用手的那邊，也是空服員必須注意的重點。

資料來源：《商業周刊》第 1028 期

8-4 副產品的會計處理

聯合生產過程中，除了產出價值較高的主要產品外，亦可能產出價值較低之副產品。例如，瑞展公司購入鋼材，主要用來製造齒輪（主產品），並且利用剩餘的鋼材製造齒條（副產品）。

瑞展公司 20X1 年 11 月份有關主產品與副產品的生產及銷售狀況如表 8-12。圖 8-7 顯示聯合生產之聯合成本、主產品與副產品的產量與銷售價值。

表 8-12 20X1 年 11 月生產銷售狀況

產品	生產	銷售	期初存貨	期末存貨
主產品－齒輪	5,000	4,500	0	500
副產品－齒條	2,500	2,200	0	300

副產品的會計處理有兩種方式：(1) 將副產品銷售價值列為銷貨成本的減項；(2) 將副產品列為銷貨收入的加項。以下分別就此兩種方法進行說明。

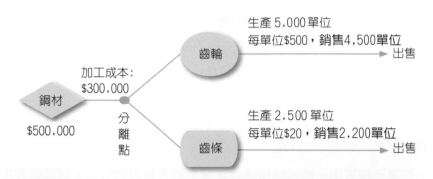

圖 8-7　聯合生產之聯合成本、主產品與副產品的產量與銷售價值

一、將副產品價值列爲生產成本的減項

　　爲求即時認列副產品價值，一般將當期生產的副產品總銷售價值轉列爲生產成本的減項。以表 8-13 爲例，瑞展公司有關主產品與副產品的生產、銷售狀況及損益表如下。

表 8-13　副產品的會計處理

	列爲銷貨成本的減項	列爲銷貨收入的加項
銷貨：		
主產品－齒輪 (4,500×$500)	$2,250,000	$2,250,000
副產品－齒條 (2,200×$20)	－	44,000
總收益	$2,250,000	$2,294,000
銷貨成本：		
期初存貨	－	－
進貨成本＋加工成本 ($500,000 + $300,000)	800,000	800,000
減：副產品收益 (2,500×$20)	(50,000)	－
製造成本淨額	750,000	800,000
減：期末存貨 (750,000÷5,000×500)[a]	(75,000)[a]	(80,000)[b]
(800,000÷5,000×500)[b]		
銷貨成本	675,000	720,000
銷貨毛利	$1,575,000	$1,574,000
銷貨毛利率	70%	68.6%
期末存貨金額		
主產品：齒輪	75,000	80,000
副產品：齒條 (300×$20)	6,000	

11 月份的會計紀錄如下：

1.　在製品　　　　　　　　　　　　　　500,000
　　　應付帳款　　　　　　　　　　　　　　　　　　500,000
　　（11 月份購買並耗用的直接原料）

2.　在製品　　　　　　　　　　　　　　300,000
　　　各種貸項　　　　　　　　　　　　　　　　　　300,000
　　（11 月份的加工成本）

3.　副產品存貨－齒條 (2,500×$20)　　　50,000
　　製成品－齒輪　　　　　　　　　　　750,000
　　　在製品　　　　　　　　　　　　　　　　　　　800,000

4.　銷貨成本　　　　　　　　　　　　　675,000
　　　製成品－齒輪　　　　　　　　　　　　　　　　675,000

5.　現金或應收帳款 (4,500×$500)　　2,250,000
　　　銷貨收入－齒輪　　　　　　　　　　　　　　2,250,000

6.　現金或應收帳款 (2,200×$20)　　　　44,000
　　　副產品存貨－齒條　　　　　　　　　　　　　　44,000

二、將副產品價值列為銷貨收入的加項

　　副產品生產完成時不認列收益，直到銷售時方認列其收益，依據副產品實際之銷貨收入認列。實務上，因副產品的價值低，所創造的收益不大，可列入當期的銷貨收入，也可以列入其他收入。若瑞展公司將副產品列為銷貨收入的加項，則 11 月份的會計紀錄如下：

1.　在製品　　　　　　　　　　　　　　500,000
　　　應付帳款　　　　　　　　　　　　　　　　　　500,000

2.　在製品　　　　　　　　　　　　　　300,000
　　　各種貸項　　　　　　　　　　　　　　　　　　300,000

3.　製成品－齒輪　　　　　　　　　　　800,000
　　　在製品　　　　　　　　　　　　　　　　　　　800,000

4.　銷貨成本　　　　　　　　　　　　　720,000
　　　製成品－齒輪　　　　　　　　　　　　　　　　720,000

5.　現金或應收帳款 (4,500×$500)　　2,250,000
　　　銷貨收入－齒輪　　　　　　　　　　　　　　2,250,000

6.　現金或應收帳款 (2,200×$20)　　　　44,000
　　　銷貨收入－齒條　　　　　　　　　　　　　　　44,000

問題討論

繼續加工決策

佳年與財務部范經理及生產部門吳經理協討論有關產品的生產流程及原料成本的投入等問題。吳經理說明對原料投入到多項產品產出的整個過程後，進一步建議斜齒輪不應再繼續加工製造 C 型斜齒輪，因繼續加工後並不會提升獲利（請參閱表 8-11）。

聽完說明後，佳年亦初步認同吳經理建議，進一步詢問范經理時，范經理則擔心瑞展公司如果放棄生產 C 型斜齒輪，則辛苦建立的市場將拱手讓與競爭對手，因此對斜齒輪不再繼續加工之決策抱持保留態度。

問題：

若你身為財務部經理，你贊成瑞展公司的決策（斜齒輪不再繼續加工）嗎？

討論：

我們應學習思考加工決策的必要性與可能性。產品的繼續加工決策並非單從成本面考量，管理者還必須從公司所面臨的市場環境來考量，例如：繼續加工是否會增加產品的價值、或是以長期競爭之角度考量（例如這項產品搭配其他產品賣，才會讓其他產品好賣；就好像賣咖啡要搭配奶精，但奶精未必賺錢）等。

本章回顧

　　本章透過齒輪製造過程，詳細說明聯合生產時的聯合成本的分攤過程。聯合產品的成本分攤，可依各產品產出後的實體數量之比例進行分攤，也可依產品的銷售價值比例進行分攤。由於銷售價值的認定不同，所設算的產品銷售價值也不同，因此聯合成本的分攤比例亦會不同。

　　在銷售價值的認定上，一般可由下列三種方式擇一：分離點銷售價值法（sales value at split-off approach）、淨變現價值法（net realized value approach）、固定毛利率淨變現價值法（constant gross margin rate NPV approach）。分離點銷售價值法下，聯合成本的分攤是按各產品的銷售價值的相對比例（即個別產品銷售金額佔銷貨總額）來分攤。淨變現價值法則是按各產品的銷售價值減除可分離成本的相對淨變現價值作為權數進行聯合成本分攤。固定毛利率淨變現價值法則假定各產品的銷貨毛利率皆相同的情況下，以相同的銷貨毛利率追溯各產品應有的銷貨成本，再由此銷貨成本減除該產品的分離成本而得該產品應該分攤的聯合成本額度。若聯合製造在分離點時，各產品均有明確市價資訊，則管理者可能選擇分離點銷售價值法來分攤聯合成本。若到分離點時，部分產品或全部產品無明確市價資訊，則可以選擇淨變現價值法。若管理者要求各產品須有一致的銷貨毛利率的話，則可選擇固定毛利率淨變現價值法。不論採用何種方法分攤聯合成本，都應符合公平、合理之原則。

　　最後，管理者考量分離點後是否繼續加工時，原則是加工所產生的增額成本必須小於增額利益外，亦必須同時考量競爭策略及市場環境等因素。

本章習題

一、選擇題

( ) 1. 下列何者為聯產品在分離點直接出售或繼續加工之決策準則？

    (A) 繼續加工之總收入大於直接出售之總收入時，應選擇繼續加

    (B) 繼續加工之增額收入大於繼續加工所增加之變動成本時，應選擇繼續加工

    (C) 繼續加工之增額收入大於繼續加工之增額成本時，應選擇繼續加工

    (D) 分離點後的可免固定成本大於直接出售之總收入，應選擇直接出售。

        （106 普考）

( ) 2. 經同一製程而產出兩種產品時，若其中一種具有相對較高的銷售價值，另一種則價值微小，則此二產品分別稱為：

    (A) 聯產品與副產品　(B) 聯產品與殘料　(C) 主產品與副產品　(D) 主產品與聯產品。　（106 高考三等）

( ) 3. 某公司之甲和乙產品經由共同製程加以生產，兩種產品在 2 月份的聯合成本共計 $20,000。在完成最後個別加工後，甲產品單位售價為 $32，乙產品單位售價為 $48。每一產品在分離點即已具有出售價值，單價分別為：甲產品 $10，乙產品 $8。2 月份產量分別是：甲產品 3,000 單位，乙產品 2,500 單位；2 月份銷售量分別是：甲產品 2,000 單位，乙產品 2,500 單位。試問在採用分離點銷售價值法分攤聯合成本後，各產品分攤而得之每單位聯合成本為何？

    (A) 甲產品 $2.96；乙產品 $4.44　(B) 甲產品 $4；乙產品 $4.55　(C) 甲產品 $5；乙產品 $4　(D) 甲產品 $4；乙產品 $3.2。　（105 地特三等）

( ) 4. 關於聯產品在分離點是否繼續加工的決策中，下列何者為「非攸關」的項目？①分離點之前發生的變動製造成本　②分離點之後發生的變動製造成本　③分離點之後發生的可免固定成本

    (A) ①　(B) ②　(C) ①③　(D) ①②。　（105 地特四等）

( ) 5. 由於副產品的價值較低，公司採用步分攤聯合成本的會計處理，但副產品的收入淨額得做為銷貨收入、其他收入、主產品生產成本的減項或主產品銷貨成本的減項。試問在公司經營的第一年中，何種方法下公司的純益金額通常會是最低的？

(A) 銷貨收入　(B) 其他收入　(C) 主產品生產成本的減項　(D) 主產品銷貨成本的減項。　　　　　　　　　　　　　　　　　　　　　　　　　（96 高考）

（　　）6. 丁公司透過聯合生產過程產出 X，Y 及 Z 產品。聯合成本分攤方式採用分離點之售價加以分攤，其他資料如下：

產品	X	Y	Z	合計
生產數量	14,000	10,000	6,000	30,000
分攤之聯合成本	$204,000	$90,000	$66,000	$360,000
分離點之售價	？	150,000	110,000	600,000
繼續加工成本	38,000	30,000	22,000	90,000
最終售價	348,000	185,000	147,000	680,000

請問 X，Y 及 Z 產品何者應繼續加工？

(A) X　(B) X 和 Y　(C) Y 和 Z　(D) X，Y 及 Z。　　　　（102 地特四等）

（　　）7. 甲公司自 X9 年起營運，生產汽油及某種汽油副產品。下列為該公司 X9 年產銷資訊：

分離點生產成本總額	$120,000
汽油銷貨收入	270,000
副產品銷貨收入	30,000
汽油存貨（X9 年 12 月 31 日）	15,000
其他副產品成本	
行銷	10,000
生產	15,000

甲公司在生產時認列副產品價值，並作為分離點前生產成本之減項。試問 X9 年甲公司汽油及副產品之銷貨成本為何？

(A) 汽油 $105,000，副產品 $25,000　(B) 汽油 $115,000，副產品 $0

(C) 汽油 $108,000，副產品 $37,000　(D) 汽油 $100,000，副產品 $0。

（102 地特三等）

（　　）8. 甲公司製造主要產品時，產生副產品 A，以每單位 $4 銷售 A 時，僅產生一項可分離成本（即 $1 之銷售費用）。甲公司將副產品 A 的銷貨淨額 $3，由主產品銷貨成本中減除。在無存貨的情況下，若甲公司將副產品 A 改視為聯產品，則對該公司毛利有何影響？

(A) 無影響 　(B) 每出售 1 單位 A，毛利增加 $1 　(C) 每出售 1 單位 A，毛利增加 $3 　(D) 每出售 1 單位 A，毛利增加 $4。 （102 地特三等）

(　　) 9. 大安公司由同一製程生產了 M、N 兩種聯產品，兩者在分離點後之加工總成本為 $60,000，加工後 M 和 N 之銷售價值合計數為 $150,000，其餘有關資料如下：

	M 產品	N 產品
分攤之聯合成本	?	$20,400
分離點後之個別成本	$30,000	?
最終售價	?	$60,000

該公司對於聯合成本之分攤採市價法，且假設各產品之毛利率固定。試問：經分攤聯合成本後，M 產品之總生產成本為何？

(A) $75,600 　(B) $44,000 　(C) $45,600 　(D) $60,000。 （105 會計師）

(　　) 10. 若聯產品在分離點皆已具有公開明確的銷售價格，下列敘述何者正確？ 　①若無期初與期末存貨，按分離點銷售價值相對比例來分攤聯合成本時，可使各產品計算出相同的毛利率 　②按分離點銷售價值相對比例來分攤聯合成本時，比其他市場基礎的分攤方法簡單易用 　③若部分產品在分離點後仍可繼續加工以提高售價，則採用的聯合成本分攤方法應把繼續加工決策納入考慮，更為合理 　④按分離點銷售價值相對比例來分攤聯合成本時，所謂銷售價值是以各聯產品當期實際銷量乘上售價

(A) ①② 　(B) ③④ 　(C) ②③ 　(D) ①②④。 （104 地特三等）

二、計算題

1. 木新公司為一生產飲料的公司，該公司生產兩種飲料分別為 A 飲料與 B 飲料。生產過程中兩種飲料都先同時在混合部門聯合生產，混合部門產出後，A 飲料直接用每公升 $20 賣出，但是 B 飲料則必須再繼續加工後才能出售，加工成本為每公升 $10，B 飲料加工後每公升售價為 $40。本年度十二月木新公司聯合成本為 $400,000，A 飲料生產 10,000 公升，B 飲料生產 20,000 公升。十二月無任何期初存貨，期末存貨 A 飲料 3,000 公升，B 飲料 4,000 公升。

試作：

假設木新公司採用淨變現價值法分攤聯合成本，請問十二月份 A 飲料和 B 飲料的期末存貨成本爲何？ （105 地特四等）

2. 甲公司買進原料從單一聯合生產過程生產四種聯合產品：A、B、C、D。其中 C 產品在分離點出售，而 A、B、D 產品則可於分離點出售，亦可進一步再加工成高級品。X1 年 12 月 31 日會計年度終了資料如下：

	A 產品	B 產品	C 產品	D 產品
分離點產量	198,300 單位	66,100 單位	33,050 單位	33,050 單位
分離點銷貨收入	$66,100	$39,660	$66,100	$92,540
再加工成本	$264,400	$105,760		$118,980
再加工後之銷貨收入	$396,600	$132,200		$158,640

假設該公司無期初及期末存貨。其分離點的聯合成本包括原料及加工成本共 $132,200。

試求：

(1) 分別以下列方法分攤聯合成本。

　①產量法　②分離點售價法　③淨變現價值法。

(2) 列出產品 A、B、D 加工與否之決策對淨利之影響。

(3) 評估 (1) 之三種方法對決策之有用性。 （101 關務三等）

3. 甲公司於 102 年 5 月投入直接材料 $220,000 及加工成本 $342,000 聯合製造三種產品，其中產品 A 及產品 B 爲聯產品，產品 C 爲副產品。於聯合製造程序結束後，產出之 40,000 公斤的產品 A 須再投入加工成本 $80,000，並以每公斤 $10 出售；產出之 60,000 公斤的產品 B，不需進一步加工即可以每公斤 $8 出售；產出之 20,000 公斤產品 C 須再投入加工成本 $10,000，並以每公斤 $3 出售，另外，產品 C 尚須支付售價之 20% 的行銷成本。羅東公司係採淨變現價值法分攤聯合成本，而聯合成本須先扣除副產品於分離點之淨變現價值後，才將餘額分配給聯產品。

試作：

(1) 計算產品 A 及產品 B 各應分攤的聯合成本。

(2) 計算產品 A，產品 B 及產品 C 每公斤的生產成本。 （102 高等管會）

4. 甲公司生產主產品 KK 及 WW，生產過程中也同時產出副產品 ZZ。共同製造中的聯合成本為 $113,400。副產品 ZZ 淨變現價值係直接作為 KK 及 WW 的聯合成本之減項。以下資訊為 2012 年 7 月之相關資料：

產品	生產單位數	最終市價	分離點後額外成本
KK	2,100	$84,000	$0
WW	3,150	73,500	0
ZZ	1,050	14,700	6,300

若甲公司使用淨變現價值法分攤聯合成本，則 KK 會被分配到多少聯合成本？

（101 會計師改編）

5. 甲公司生產 X、Y 二種聯產品。8 月份計發生聯合成本 $20,000，相關資料如下：

	X	Y	合計
分離點後加工成本	$11,000	$11,000	$22,000
最終產品售價	$36,000	$24,000	$60,000

該公司採市價法分攤聯合成本，若各產品之毛利率固定，則產品 X 應分攤之聯合成本為多少？ （100 高考改編）

6. 甲公司經由一個聯合製程生產出甲、乙、丙三種產品，產量分別為 12,000、8,000、20,000 件，聯合成本為 $400,000。分離點後，三種產品皆須額外加工才能出售，加工成本分別為：甲投入 $80,000、乙投入 $200,000、丙投入 $320,000。若甲、乙、丙加工後銷售價值分別為 $320,000、$480,000、$800,000。若公司採淨變現價值法分攤聯合成本，則甲產品之生產成本為何？ （107 高考改編）

7. 甲石化廠從一聯合程序將原油提煉為石油及液化天然氣，此二產品之聯合成本為 $80,000。5,000 桶的石油可以在分離點以每桶 $20 出售，或再以 $20,000 精煉後以每桶 $25 出售。10,000 桶的液化天然氣可以在分離點以每桶 $15 出售，或再以 $20,000 精煉後以每桶 $16 出售。另外精煉程序需委由乙精煉廠完成，若只有其中一產品選擇精煉時，乙精煉廠將以未達規模效益為由，向甲額外收取 $10,000。則甲石化廠之精煉決策應為？ （101 普考改編）

8. 甲公司製造二聯合產品：甲及乙，採分離點售價法分攤聯合成本 $1,000,000，正在考慮是否於分離點後將二產品進一步加工再出售。相關資訊如下：

	甲	乙
產出公斤數	75,000	45,000
分離點每公斤售價	$45	$156
分離點後進一步加工變動成本	$320,000	$500,000
分離點後進一步加工再出售每公斤售價	$57	$167

若甲公司以極大化整體公司獲利為目標，其決策應為？ （103 普考改編）

9. 甲公司生產 W、X、Z、D 四種聯產品，聯合製造總成本總額為 $30,000，生產單位及分離點市價如下所示：

產品	生產量	單位市價
W	5,000	$0.25
X	3,750	3.00
Z	2,500	3.50
D	3,750	5.00

假設這些產品於分離點時即可出售，則 Z 產品之成本為多少？ （103 普考改編）

10. 某公司於聯產過程中產生甲和乙兩種主產品及副產品丙，分離點後未再加工即可出售。假設該公司在報表上將副產品收入淨額列為其他收入。主產品採淨變現價值法來分攤聯合成本。該公司銷管費用金額微小而不予考慮，相關資料如下：

	主產品甲	主產品乙	副產品丙	合計
聯合成本	？	？	？	$312,000
分離點後銷售價值	$240,000	$360,000	$24,000	$624,000
生產量	60,000	100,000	10,000	170,000
銷售量	60,000	80,000	10,000	150,000

試問：甲產品在淨變現價值分攤法下所分攤到的聯合成本為何？ （105 高考三等）

CHAPTER 9

損壞品、重製與殘料的會計處理

學習目標　讀完這一章，你應該能瞭解

1. 正常損壞與非常損壞的分別。
2. 分批成本制度下，損壞品成本的分攤。
3. 分步成本制度下，損壞品成本的分攤。
4. 重製的會計處理。
5. 殘料的會計處理。

引言

瑞展公司傳動事業部中，齒輪產品的製程可分為：軋輾、熱炙、鑽孔、研磨、校正與檢驗等六個製程，產品完成需經上述製程。其中，大里廠負責產品的鑽孔、研磨等兩道製程。為了有效降低產品的瑕疵率，大里廠莊廠長正努力地尋求製造流程的合理性與準確性，以期損壞品與產品重製的比率得以降低。

在生產過程中，因製造流程或原料添加的錯誤而生產出不符顧客需求或不符標準的產品，若不能加以修改或重新製作的話，即列入次級品、瑕疵品，或稱之為損壞品（spoilage）；相反地，若這些不符標準的產品經修改或部分流程重新製作後，得以完成並出售，此類產品稱之為重製（rework）後的產品。公司投入原料進行生產，或多或少皆有損壞品或重製品的產生，且生產過程中，所遺留下來的材料（亦即殘料（scrap））亦是無可避免。

損壞品、重製品及殘料等成本的精確計算將有助於莊廠長正視並發現製造流程的不合理性或工作人員的缺失。莊廠長試圖經由流程的改善或人員的訓練，以期降低損壞品、重製品及殘料等比率。

9-1 損壞品

一般而言，損壞品（spoilage）分為正常損壞品及非常損壞品。在正常的生產過程中，容許的不良率下所產生的產品耗損是無可避免的，此耗損稱之為正常損壞品（normal spoilage）。相反地，在正常的生產過程中，由於員工不當操作或非預期的機械故障所造成的產品損壞，此產品損壞稱之為非常損壞品（abnormal spoilage）。

以營運效率觀點，不論是正常損壞品或非常損壞品，均非公司所樂見的事情。因此，公司定期檢視製造流程的合理性及人員的配置，以期降低產品不良率，同時也可降低因損壞或重製所發生的額外成本，此為策略成本管理（strategic cost management）的開端。由於成本制度的不同，對於損壞品的處理也有異，以下就分批成本制及分步成本制分別說明。

一、分批成本制下的損壞品

以批量方式生產的分批成本制度下，由於正常損壞品爲製造過程中無可避免的產物，因此正常損壞品被視爲存貨的一部分。相反地，非常損壞品則不列入存貨成本中，而列入當期的期間成本（period cost）。

（一）正常損壞

進行正常損壞品的成本分攤時，須明確分辨該正常損壞品成本應歸屬於某特定批次，或歸屬於所有批次中。當損壞品的產生是由於製程等問題而非顧客的特殊需求所致，在容許的不良率下所產生的損壞品成本歸屬於所有批次中，則損壞品成本的發生可視爲製造費用的一部份。若損壞品尚有殘值，可列入「損壞品存貨」科目中。

以瑞展公司大里廠的齒輪生產爲例，20X1 年 12 月份鑽孔課生產報告如下：

表 9-1 20X1 年 12 月份生產報告

12 月份產量	5,000 單位
12 月份直接原料單位成本	$60
12 月份直接人工單位成本	$40
12 月份預計單位製造費用分攤率（含損壞品製造費用分攤率 $2）	$80

1. 將正常損壞品成本歸屬於所有批次之產品

   依據過去經驗，瑞展公司齒輪製造之正常損壞比率爲 3%。這部分的損壞成本已計入預計製造費用分攤率中，透過此分攤率由全部產品分攤正常損壞的成本。假定 12 月份有 100 單位的損壞品，在正常損壞的範圍內。損壞品尚可以每單位 $50 出售，則 12 月份的損壞品成本歸屬於所有批次的會計紀錄如下：

   (1) 認列直接原料、直接人工及已分攤製造費用

在製品存貨	900,000	
原料		300,000
應付薪資		200,000
已分攤製造費用 ($80×5,000)		400,000

(2) 認列損壞品成本

損壞品存貨 ($50×100)	5,000	
製造費用	13,000	
在製品存貨 (900,000÷5,000×100)		18,000

(3) 產品完成轉入製成品

製成品存貨	882,000	
在製品存貨		882,000

完好品單位成本＝ 882,000÷(5,000 － 100) ＝ $180

2. 將正常損壞品成本歸屬於某特定批次的產品

因某訂單的生產規格特殊或顧客的特別需求，需要特殊製程才能完成。若因此而產生了產品損壞的話，則會將此損壞品成本歸屬於該項批次訂單的成本中。

依據前例，瑞展公司 12 月份的生產報告（表 9-1）中，在進行批號 110 的製造時，因顧客特殊需求而有變更製造流程，致使製程運作不順而產生 100 單位的損壞品。損壞品尚可以每單位 $50 出售，則 12 月份的 100 單位的損壞品成本歸屬於該批號 110 的會計紀錄如下：

(1) 認列直接原料、直接人工及已分攤製造費用

在製品存貨－批號 110	890,000	
原料		300,000
應付薪資		200,000
已分攤製造費用 ($78× 5,000)		390,000

(2) 認列損壞品成本

損壞品存貨 ($50×100)	5,000	
在製品存貨－批號 110		5,000

(3) 產品完成轉入製成品

製成品存貨	885,000	
在製品存貨－批號 110		885,000

完好品單位成本 = 885,000÷ (5,000 – 100) = $180.6

將損壞品成本歸屬於批號 110 時，有 $13,000(= $18,000 － $5,000) 的差額仍留於在製品存貨－批號 110 之帳戶中，由該批產品負擔。因此，完好產品的總成本及單位成本均提高（表 9-2）。此可解釋為因顧客特殊需求，所導致產品成本的提高，促使管理者重視其品管及訂價策略。兩種歸屬方式計算結果如下表 9-2。

表 9-2　損壞品成本的歸屬

成本歸屬	歸屬於所有產品	歸屬於批號 110 產品
完好品數量	4,900	4,900
總製造成本	$882,000	$885,000
單位成本	$180	$180.6

（二）非常損壞

在正常的生產過程中，由於員工不當操作或無預期的機械故障所造成的產品損壞，而產品損壞的比率已超過可容許的範圍時，此損壞的產品稱之為非常損壞品。非常損壞品實際發生時，不轉為製造費用，而列入「非常損壞品損失」科目，作為當期其他損失項目。

1. 非常損壞品成本歸屬於所有批次的產品

    瑞展公司 12 月份有 200 單位的損壞品。因正常產品損壞比率為 3%，故其中 150 單位的產品屬正常損壞品，透過預計製造費用分攤率由全部產品分攤正常損壞的成本。50 單位之產品屬非常損壞品，則列入非常損壞損失。所有損壞品尚可以每單位 $50 出售，則 12 月份的 200 單位的損壞品成本歸屬於所有批次的會計紀錄如下：

    (1) 認列直接原料、直接人工及已分攤製造費用

在製品存貨	900,000	
原料		300,000
應付薪資		200,000
已分攤製造費用 ($80×5,000)		400,000

    (2) 認列損壞品成本

損壞品存貨	10,000	
製造費用 (36,000-10,000)×150÷200	19,500	
非常損壞損失 (36,000-10,000)×50÷200	6,500	
在製品存貨 (900,000÷5,000×200)		36,000

    (3) 產品完成轉入製成品

製成品存貨	864,000	
在製品存貨		864,000

    完好品單位成本＝ 864,000÷(5,000 － 200) ＝ $180

由上述分錄可知，製造費用與非常損壞損失是以損壞品總投入成本減除出售之變現價值後，按正常與非常損壞比例分攤金額。

2. 非常損壞品成本歸屬於某特殊批次的產品

瑞展公司 12 月份進行批號 110 的製造時，因顧客特殊需求而有變更製造流程，致使製程運作不順而產生 200 單位的損壞品。因此這 200 單位的損壞品損失，由批號 110 概括承受。所有損壞品尚可以每單位 $50 出售，則 12 月份的 200 單位的損壞品成本歸屬於批號 110 的會計紀錄如下：

(1) 認列直接原料、直接人工及已分攤製造費用

在製品存貨－批號 110	890,000	
原料		300,000
應付薪資		200,000
已分攤製造費用 ($78×5,000)		390,000

(2) 認列損壞品成本

損壞品存貨 ($50×200)	10,000	
在製品存貨－批號 110		10,000

(3) 產品完成轉入製成品

製成品存貨	880,000	
在製品存貨－批號 110		880,000

完好品單位成本 = 880,000 ÷ (5,000 − 200) = \$183.33

原本有 \$36,000(=\$900,000÷5,000×200) 的成本應貸記在製品存貨帳戶，由於非常損壞品之成本須歸屬到批號 110 中，也就是有 \$26,000(=\$36,000-\$10,000) 的非常損壞損失的成本須由該批次自行承擔，以增加該批次的產品成本。因此該批次的完好品的單位成本將會提高。兩種歸屬方式計算結果如下表 9-3。

表 9-3 非常損壞品成本的歸屬

成本歸屬	歸屬於所有產品	歸屬於批號 110 產品
完好品數量	4,800	4,800
總製造成本	$864,000	$880,000
單位成本	$180	$183.33

成會焦點

不做就沒訂單，日月光一滴水用三次

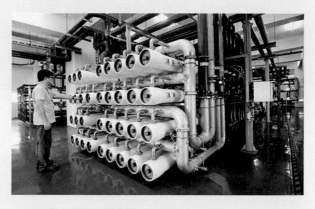

2013 年底，日月光 K7 廠因排放廢水造成污染，被勒令停工約一年，復工約半年之後，他們試著把水從危機變轉機。

2015 年中，日月光中水回收廠啓用，特地立起 LED 螢幕，將每十五分鐘檢測水質的結果，對廠外公布，按日月光半導體高雄廠資深副總經理周光春的說法，放流水水質一旦超出標準，將自動停止放流，與過去人工容易造成「疏忽」不同。

我們原以為，蓋出包括全臺最大的三座中水回收廠，兩年省下兩千座游泳池水量的日月光，連串改造物流系統、省下一百萬個紙箱，及砸兩千萬元研究智慧電網的舉措，只是為了降低生產成本。沒想到，比省錢更重要的，是風險管理。

「你沒有訂單，降什麼成本？」周光春開門見山，點明企業的處境。

「我們在做全世界最頂尖客戶的時候，客戶會從各方面來看你公司的表現，（看的）不是只有你的報價比別人低。」周光春說，給不給單，衡量標準包括對待外勞的方式、工廠管理、環境保護等，「（因為）有一天你停工，會造成它的問題。」

如今日月光，一滴水要用三次，花五年時間研發物流系統，不再使用紙箱，周光春抽屜裡還放著各種日月光製程所產生的廢棄物，能不能把廢棄物轉成產品賣出去，是周光春的首要任務。

資圖來源：《商業周刊》第 1606 期

二、分步成本制下的損壞品

（一）損壞品的計算

分步成本制下，企業投入原料後，經由各種不同製造步驟（或流程），最後才完成可供銷售的產品。因此在製造過程當中，爲合理分攤各

個製造流程的產品成本，對尚在製造中的產品之完工單位數採約當產量（Equivalent unit）之方式來計算（詳見第 5 章）。然而，由於原料或加工因素，以至於各個製造流程中，都有可能生產損壞品。

　　有關損壞品的處置，瑞展公司採各項製程之完工率達某比率時，即進行產品的檢驗。如此的作法可使瑞展公司及早發現不良產品（即損壞品）而及時將這些損壞品排除於後續的製造流程之外。而損壞品約當數量的計算，是透過產品的完工比率及檢驗損壞品的時點來決定。此外，若於完工前進行產品檢驗而產生的損壞品，則此損壞品的部分來自於本期完成品外，期末在製品亦均通過檢驗點。因此，此情況下的損壞品成本須以本期完成品與期末在製品的單位數為權數，進行正常損壞品成本的分攤。相反地，若於完工後才進行產品檢驗，此時所產生的損壞品與期末在製品無關，故期末在製品無須分攤損壞品的成本。

　　以下以瑞展公司的齒輪製造為例，瑞展公司 12 月份大里廠的齒輪生產報告如下：

表 9-4　12 月份生產報告

期初在製品	2,000 單位
本期投入生產	4,000 單位
期末在製品	1,000 單位
本期完工並轉出	4,800 單位
本期共計損壞品	200 單位

　　依據過去經驗，瑞展公司的正常產品損壞比率為通過檢驗點正常投入量的 3%。若期初在製品的完工比例達 30%，而期末在製品的完工比例達 80%，就以下三種檢驗時點，分析期初在製品及期末在製品等應有的損壞品單位數。

情況1：　於完工率達20%時，實施產品的檢驗

　　　　　若於完工率達20%時實施產品檢驗，則30%完工率的期初在製品已於上期製造流程已通過檢驗了，應無產生損壞品的發生，故將期初在製品單位數排除於損壞品的計算。按本期投入量4000單位，以正常損壞比率3%計算正常損壞品為120(=4,000×3%)單位，而非常損壞品為80(=200−120)單位。

情況2： 於完工率達60%時，實施產品的檢驗

於完工率達60%時實施產品檢驗，則完工率已達30%的期初在製品於本期繼續製造，於本期完工率達60%時接受檢驗。因此將本期投入單位數4,000單位與期初在製品單位數合併計算，以正常損壞比率3%計算正常損壞品為180 [=(4,000+2,000)×3%]單位，非常損壞品為20(=200－180)單位。

情況3： 於完工率達100%時，實施產品的檢驗

於完工率達100%時實施產品的檢驗，意味著檢驗所有100%完工的完好品，而80%完工率的期末在製品並未進行檢驗。因此，本期總投入單位數6,000單位（期初在製品2,000單位＋本期投入單位數4,000單位）須扣除期末在製品1,000單位，以正常損壞比率3%計算正常損壞品為150 [= (4,000 + 2,000 – 1,000)×3%]單位，而非常損壞品為50(200-150)單位。

表 9-5　以投入量的 3% 計算損壞品單位數

檢驗點	完工 20% 時檢驗	完工 60% 時檢驗	完工 100% 時檢驗
期初在製品（完工比率 30%）	2,000	2,000	2,000
本期投入生產單位數	4,000	4,000	4,000
本期投入總生產單位數	6,000	6,000	6,000
本期完成並轉出單位數	4,800	4,800	4,800
期末在製品（完工比率 80%）	1,000	1,000	1,000
正常損壞品單位數	120	180	150
非常損壞品單位數	80	20	50

理論上，以正常投入單位數來計算正常損壞品單位數，但實務上為了方便，多以完工產品的數量作為正常損壞品的計算，非以投入量的多寡來計算損壞品的數量。若以表 9-4 所示之本期完工品 4,800 單位，以 3% 的正常損壞率計算正常損壞品與非常損壞品之單位數如表 9-6 所示。（注意：本期完工品 4,800 單位中，有 2,000 單位是來自期初在製品而於本期完工的數量，有 2,800 單位為本期投入生產而完工的數量。）

表 9-6 以完工單位數的 3% 計算損壞品單位數

檢驗點	完工達 20% 時檢驗	完工達 60% 時檢驗	完工達 100% 時檢驗
期初在製品（完工率 30%）	2,000	2,000	2,000
本期投入生產單位數	4,000	4,000	4,000
本期投入總生產單位數	6,000	6,000	6,000
本期完成並轉出單位數	4,800	4,800	4,800
期末在製品（完工率 80%）	1,000	1,000	1,000
正常損壞品單位數	114[1]	174[2]	144[3]
非常損壞品單位數	86[1]	26[2]	56[3]

1. 正常損壞品 114 [= (4,800 − 2,000 + 1,000) ×3%]；非常損壞品 86(= 200 − 114)。
2. 正常損壞品 174 [= (4,800 + 1,000) × 3%]；非常損壞品 26(= 200 − 174)。
3. 正常損壞品 144 (= 4,800 × 3%)；非常損壞品 56(= 200 − 144)。

（二）損壞品的認列

於第 5 章分步成本制中，若將期初投入與本期投入合併計算，進行產品成本分攤的方式為加權平均法；而產品的成本分攤若採期初投入與本期投入分開計算的方式則是先進先出法。以上述之資訊繼續延伸，以不同的檢驗時點下，配合不同的完工比率，計算約當產量、單位成本及成本分攤。

1. 加權平均法 (Weight-average method)

   瑞展公司 20X1 年 12 月份鑽孔課的生產報告彙總資料如下：

20X1 年 12 月份生產報告	單位數	
期初在製品：	2,000 單位	
原料 (投入 100%)		
加工成本 (投入 30%)		
12 月份投入製造單位	4,000 單位	
12 月份完工並轉出 (含損壞單位)	5,000 單位	
在製品 (12/31)	1,000 單位	
直接原料 (投入 100%)		
加工成本 (投入 80%)		

20X1 年 12 月份總成本明細		
在製品 (12/1)		
直接原料 (2,000×$60)	$120,000	
加工成本 (2,000×$120)	240,000	$360,000
12 月份投入直接原料成本		264,000
12 月份投入加工成本		543,000
總成本		$1,167,000

情況1： 完工率達20%時檢驗

　　瑞展公司在產品完工率達20%時，進行產品檢驗。依過去經驗，正常產品損壞比率為通過檢驗點正常投入量的3%，其他則列為非常損壞品。損壞品處理及成本認列如下：

表 9-7 步驟 1－計算含損壞品的實體生產單位及約當產量（完工率達 20% 時檢驗）

	單位數	約當產量	
		直接原料	加工成本
期初在製品 (原料 100%；加工成本 30%)	2,000		
本期投入生產單位	4,000		
待處理單位數	6,000		
本期完工並轉出單位數	4,800	4,800	4,800
正常損壞品 (原料 100%；加工成本 20%)	120	120	24
非常損壞品 (原料 100%；加工成本 20%)	80	80	16
期末在製品 (原料 100%；加工成本 80%)	1,000	1,000	800
已處理單位數	6,000	6,000	5,640

(）：完工比率

表 9-8 步驟 2－計算約當產量單位成本及總成本的分攤（完工率達 20% 時檢驗）

	直接原料	加工成本	合計
期初在製品	$120,000	$240,000	$360,000
本期投入成本	264,000	543,000	807,000
已投入成本	$384,000	783,000	$1,167,000
約當產量	÷6,000	÷5,640	
約當產量單位成本	$64	$138.82	
成本分攤：			
本期完工並轉出成本 (4,800×$64)+(4,800×$138.82)+56[1]		$973,592	
正常損壞品成本 [(120×$64)+(24×$138.82)]×4,800÷5,800[2]		9,113	
轉出品總成本			$982,705
非常損壞品成本 (80×$64)+(16×$138.82)			7,341
期末在製品			
直接原料 (1,000×$64)		64,000	
加工成本 (800×$138.82)		111,056	
正常損壞品成本[(120×$64)+(24×$138.82)]×1,000÷5,800[2]		1,898	
期末在製品成本			176,954
已處理總成本			$1,167,000

1. 誤差值調整至 " 本期完工並轉出成本 " 中。
2. 由本期完工品 4,800 單位及期末在製品 1,000 單位，按比例分攤正常損壞品的成本。

情況2： 完工60%時實施產品的檢驗下，約當產量的計算與成本的分攤
瑞展公司在產品完工60%時，進行產品的檢驗。依過去經
驗，正常產品損壞比率為通過檢驗點正常投入量的3%，其他
則列為非常損壞品。損壞品處理及成本認列如下：

表 9-9 步驟1－計算含損壞品的實體生產單位及約當產量

	單位數	約當產量	
		直接原料	加工成本
期初在製品 (原料 100%；加工成本 30%)	2,000		
本期投入生產單位	4,000		
待處理單位數	6,000		
本期完工並轉出單位數	4,800	4,800	4,800
正常損壞品 (原料 100%；加工成本 60%)	180	180	108
非常損壞品 (原料 100%；加工成本 60%)	20	20	12
期末在製品 (原料 100%；加工成本 80%)	1,000	1,000	800
已處理單位數	6,000	6,000	5,720

( ) ：完工比率

表 9-10 步驟2－計算約當產量單位成本及總成本的分攤

	直接原料	加工成本	合計
期初在製品	$120,000	$240,000	$360,000
本期投入成本	264,000	543,000	807,000
已投入成本	384,000	783,000	$1,167,000
約當產量	÷6,000	÷5,720	
約當產量單位成本	$64	$136.88	

成本分攤：

本期完工並轉出成本 (4,800×$64)+(4,800×$136.88)+47[1]	$964,271		
正常損壞品成本 [(180×$64)+(108×$136.88)]×4,800÷5,800[2]	21,768		
轉出品總成本			$986,039
非常損壞品成本 (20×$64)+(12×$136.88)			2,922
期末在製品			
直接原料 (1,000×$64)	64,000		
加工成本 (800×$136.88)	109,504		
正常損壞品成本 [(180×$64)+(108×$136.88)]×1,000÷5,800[2]	4,535		
期末在製品成本			178,059
已處理總成本			$1,167,000

1. 誤差值調整至 "本期完工並轉出成本"中。
2. 由本期完工品 4,800 單位及期末在製品 1,000 單位，按比例分攤正常損壞品的成本。

情況3： 完工100%時實施產品的檢驗下，約當產量的計算與成本的分攤

　　　　瑞展公司在產品完工（及完工比率100%）時，進行產品的檢
　　　　驗。依過去經驗，正常產品損壞比率爲通過檢驗點正常投入
　　　　量的3%，其他則列爲非常損壞品。損壞品處理及成本認列如
　　　　下：

表 9-11 步驟１－計算含損壞品的實體生產單位及約當產量

	單位數	約當產量	
		直接原料	加工成本
期初在製品 (原料 100%；加工成本 30%)	2,000		
本期投入生產單位	4,000		
待處理單位數	6,000		
本期完工並轉出單位數	4,800	4,800	4,800
正常損壞品 (原料 100%；加工成本 100%)	150	150	150
非常損壞品 (原料 100%；加工成本 100%)	50	50	50
期末在製品 (原料 100%；加工成本 80%)	1,000	1,000	800
已處理單位數	6,000	6,000	5,800

表 9-12 步驟２－計算約當產量單位成本及總成本的分攤

	直接原料	加工成本	合計
期初在製品	$120,000	$240,000	$360,000
本期投入成本	264,000	543,000	807,000
已投入成本	384,000	783,000	$1,167,000
約當產量	÷6,000	÷5,800	
約當產量單位成本	$64	$135	
成本分攤：			
本期完工並轉出成本 (4,800×$64)+(4,800×$135)	$955,200		
正常損壞品成本 (150×$64)+(150×$135)	29,850		
轉出品總成本			$985,050
非常損壞品成本 (50×$64)+(50×$135)			9,950
期末在製品			
直接原料 (1,000×$64)	64,000		
加工成本 (800×$135)	108,000		
期末在製品成本			172,000
已處理總成本			$1,167,000

由於生產過程中所發生的非常損壞品已屬無法重製，因此由該部門之在製品存貨科目轉出的非常損壞品成本列為企業的其他損失項目之一。而正常損壞品的成本分攤涉及轉入部門與轉出部門間的績效評估，企業會以某比例作為權數將正常損壞品成本分攤到製成品存貨（歸屬轉入部門績效）與在製品存貨（歸屬轉出部門績效）中。實務上，許多企業也會以某比例作為權數（分攤比例）將正常損壞品成本分攤到製成品存貨與銷貨成本中。前者的分攤精神在於企業內部門間對損壞品的責任歸屬，屬責任會計的概念。後者的分攤精神則重視期末財務報表的真實呈現，屬財務會計的概念。國際會計準則第 2 號－存貨的認列與評價之規定中，明訂正常損壞品成本應按比例分攤到製成品存貨與銷貨成本中。

正常損壞品成本分攤的比例訂定隨企業的生產環境而有所不同。瑞展公司將正常損壞品成本全部列入當期的銷貨成本。依據上述三種情況，分別將完成並轉出的產品成本、正常損壞品成本與非常損壞品成本記錄於會計日記簿中（加權平均法）。

	完工達 20% 時檢驗之轉出成本與損壞成本認列（表 9-8）	完工達 60% 時檢驗之轉出成本與損壞成本認列（表 9-10）	完工達 100% 時檢驗之轉出成本與損壞成本認列（表 9-12）
製成品存貨－轉入研磨課	982,705	964,271	955,200
銷貨成本－正常損壞	9,113	21,768	29,850
在製品存貨－鑽孔課	982,705	986,039	985,050
非常損壞損失	7,341	2,922	9,950
在製品存貨－鑽孔課	7,341	2,922	9,950

2. 先進先出法

假設瑞展公司在產品全部完工（即完工比率 100%；其他比率檢驗點的做法，讀者可以類推）時，進行產品的檢驗。依過去經驗，正常產品損壞比率為通過檢驗點正常投入量的 3%，其他則列為非常損壞品。依據先進先出法，首先認列損壞品處理及成本：

表 9-13 步驟 1－計算含損壞品的實體生產單位及約當產量（完工率達 100% 時檢驗）

	單位數	約當產量	
		直接原料	加工成本
期初在製品（原料 100%；加工成本 30%）	2,000		
本期投入生產單位	4,000		
待處理單位數	6,000		
期初在製品	2,000	0	1,400
本期完工並轉出單位數	2,800	2,800	2,800
正常損壞品（原料 100%；加工成本 20%）	120	120	24
非常損壞品（原料 100%；加工成本 20%）	80	80	16
期末在製品（原料 100%；加工成本 80%）	1,000	1,000	800
已處理單位數	6,000	4,000	5,040

表 9-14 步驟 2－計算約當產量單位成本及總成本的分攤（完工率達 100% 時檢驗）

	直接原料	加工成本	合計
期初在製品			$360,000
本期投入成本	264,000	543,000	807,000
已投入成本	264,000	543,000	$1,167,000
約當產量	÷ 4,000	÷ 5,200	
約當產量單位成本	$66	$104.42	
成本分攤：			
期初投入而完工並轉出成本		$360,000	
本期完工並轉出成本 (2,800×$66)+(4,200×$104.42)+16*		623,380*	
正常損壞品成本 (150×$66)+(150×$104.42)		25,563	
轉出品總成本			1,008,943
非常損壞品成本 (50×$66)+(50×$104.42)			8,521
期末在製品			
直接原料 (1,000×$66)		66,000	
加工成本 (800×$104.42)		83,536	
期末在製品成本			149,536
已處理總成本			$1,167,000

＊尾數調整

　　根據表 9-14 中的資訊，將完成並轉出的產品成本、正常損壞品成本與非常損壞品成本記錄於會計日記簿中（先進先出法）：

製成品存貨－轉入研磨課	983,380*	
銷貨成本－正常損壞	25,563	
在製品存貨－鑽孔課		1,008,943
非常損壞損失	8,521	
在製品存貨－鑽孔課		8,521

* $983,380 = $360,000 + $623,380

9-2 重製

若生產過程中，經檢驗後而有瑕疵的產品可透過進一步整修後即可再出售的產品，此過程稱為重製。依重製過程的正常與否，分為正常重製與非常重製。

一、正常重製

分批成本制度下，就正常重製的成本歸屬，可歸屬至特定批次（特定產品）上，也可歸屬到所有的生產批次（所有產品）上。然而在分步成本制度下，由於生產的產品屬同質且量多，實務上將正常重製所耗用的成本歸屬到所有產品中。

（一）歸屬至所有批次（所有產品）的正常重製

正常重製的狀況下，將重製所耗用的原料、人工及製造費用等成本列入製造費用中，之後再經由製造費用的分攤程序歸屬到所有批次中。

20X1 年 12 月份，瑞展公司大里廠鑽孔課製造齒輪時，有 10 單位的瑕疵品。其他成本如下：

表 9-15　12 月份 A 齒輪之單位製造成本

直接原料單位成本	$60
直接人工單位成本	$40
單位製造費用	$80

會計分錄如下：

製造費用	1,800	
原料		600
應付薪資		400
各項貸項 ($80×10)		800

（二）歸屬至特定批次（特定產品）的正常重製

沿前例，瑞展公司大里廠 20X1 年 12 月份製造齒輪時，有 10 單位的瑕疵品。這 10 單位的瑕疵品屬製造批次編號 110 號的產品內容，所以將此重置成本歸屬於該批次。

歸屬至所有批次（所有產品）的正常重製

在製品存貨－批號 110	1,800	
原料		600
應付薪資		400
各項貸項 ($80×10)		800

二、非常重製

在非正常狀況下，進行產品的重製時，所耗費的成本將視為非常損失。因此分錄製作如下：

分批成本制下的非常重製

非常損失	1,800	
原料		600
應付薪資		400
各項貸項 ($80×10)		800

分步成本制度下的非常重製的會計處理與分批成本制度相同。因此，分步成本制度下的非常重製亦列為非常損失。

9-3 殘料的會計處理

企業投入原料進行產品製造時，常常會有剩餘的部分原料。若這些原料已無法再利用時，此稱之為殘料。殘料的有效管理將有助於企業對原料的控制與管理。儘管殘料的價值甚低，也應以秤重、計數等方式記錄其存

量，以利資源的有效利用。若殘料尚有出售的價值時，則應認列出售的收益。作法類似於第八章中的副產品會計處理。

　　瑞展公司所生產的齒輪，因製作成品而剩下了很多長短不一的鑽孔廢料。這些小齒輪已無法再製作成完成品，屬於殘料。公司有計畫性地將這些殘料集合起來，準備出售給附近的資源回收公司。公司估計該批殘料的價值約 $2,000 元。

情況1：於出售時認列殘料的出售收益

　　　　歸屬至所有批次（所有產品）的殘料出售收益時，須將殘料出售收益貸記製造費用。這將使製造費用降低，所有產品的製造成本會因製造費用的減少而降低。因此，殘料出售收益貸記製造費用時，將嘉惠給所有的產品。

現金（或應收帳款）	2,000	
製造費用		2,000

　　若歸屬至特定批次（批號 110 產品）的殘料出售收益時，由於此殘料是因製造批號 110 產品時所遺留下來，將殘料出售收益作為該批次產品成本的減少也屬適當。因此，將殘料出售收益貸記在製品存貨－批號 110 之帳戶中。這將使該批次的在製品存貨成本降低，使該批次產品因殘料出售而受惠。

現金（或應收帳款）	2,000	
在製品存貨－批號 110		2,000

情況2：於殘料產生時，認列殘料價值

　　　　歸屬至所有批次（所有產品）的殘料出售收益時，首先會借記材料，貸記製造費用。借記材料的用意是讓殘料作為企業資產的一部分，等到真正出售時，再將此資產沖消。

材料	2,000	
製造費用		2,000

　　若歸屬至特定批次（批號 110 產品）的殘料出售收益時，將殘料的價值作為該批次產品成本的減少，所以貸記在製品存貨－批號 110 之帳戶中。

材料	2,000	
在製品存貨－批號 110		2,000

無論歸屬至所有批次或歸屬至批號110，當殘料出售時，須作下列分錄：

現金	2,000	
材料		2,000

殘料管理也是存貨管理重要的一環。正視殘料管理，將有助於企業改善使用原料的方法及步驟，將殘料的發生比率降至最低。如此，則可有效達成成本降低的目的。

成會焦點

丹麥過期食品超市，打擊浪費絕招

圖片來源：威福臉書

三月中，《基督教科學箴言報》走訪開張兩週的過期食物專賣超市威福（WeFood），當場目睹洶湧人潮，大讚丹麥人「打擊浪費非口號」。

威福二月底開幕時，大批消費者排隊購買的畫面躍上歐洲多國媒體版面。由於它主賣過期或即期麵包、蔬果，其餘則是標示錯誤、包裝損毀或大量生產過剩的各種NG食品，售價平均也因此比市價低四成。

低價雖是威福的強力武器，但它可不是想賣給荷包乾扁的窮困族，而是想擺脫浪費大國惡名的環保族。根據歐洲最大英語媒體《在地報》（The Local），丹麥每年丟棄的食物超過七十萬噸，惹得主管機關看不過去，直稱「簡直荒謬」。

問題討論

損壞品的產品成本計算

為了因應顧客需求，瑞展公司也製造了客製化的產品。若祥醫院對醫院所用的齒輪有特殊需求。因此特別請求瑞展公司幫忙協助生產 5,000 單位。為此，該公司生產部門吳經理必須為該醫院另作模具並製造符合衛署規格與醫院需求的齒輪。

依據過去製造經驗，瑞展公司以正常投入的 3% 作為正常損壞率。在編列製造費用時，也將正常損壞的預算額度列入製造費率的計算中。

針對若祥醫院的 5,000 單位訂單，生產部門投入 5,500 單位進行生產。經檢驗後，不合格者有 700 單位，完好品僅 4,800 單位。對此，主任會計陳靜宜小姐將損壞品達 3% 正常損壞率的部分列為正常損壞品，其餘則列為非常損壞品，並進行此客製訂單的成本計算。

然而生產部門吳經理對損壞品的歸類有不同的看法。他認為這客製訂單製作不易，且多項模具都是專為此訂單而重新開發的。加上生產流程與公司現行生產有所不同，才導致不合格品的增加。因此，吳經理認為要將此 700 單位的不合格品皆列為正常損壞品的計算中，才符合使用者付費的精神。

問題一：

對此，你贊同吳經理的想法嗎？

問題二：

若 700 單位的不合格品全部列為正常損壞品對該批訂單的利潤有何影響？

討論：

個案中，讓我們思考正常損壞品與非常損壞品的差異。由於管理者的認定差異將造成產品成本的不同，甚至影響產品的訂價決策。

本章回顧

　　本章詳細介紹在產品製程中所發生的產品損壞、重製與殘料的會計處理。在生產過程中，發生了產品損壞、重製或已無使用價值的殘料時，或多或少隱含了企業生產的不效率性。透過會計處理方式，可精準計算出損壞品、重製及殘料等成本，提供管理當局正視生產效率的重要依據。

　　不同的製造流程下，損壞品及重製的成本計算也有差異。分批成本制下，正常損壞列入當期存貨，而非常損壞則列入當期的期間成本。在進行損壞品的成本分攤時，可將損壞品的產品成本歸屬於某特定產品中，也可歸屬於所有產品中。將損壞品的成本歸屬於某特定產品時，完成品的單位成本較高。將損壞品的成本歸屬於所有產品時，完成品的單位產品成本較低。前者，可突顯某特定產品因損壞品的增加而造成特定批次或訂單之產品成本的增加，以便管理者進行某特定產品的品質管理。

　　在分步成本制下，每一個製造階段都有可能生產出損壞的產品。因而損壞品的約當數量須透過檢驗損壞品當時的產品完工程度（比率）來決定。理論上，正常損壞率應依正常投入單位數計算。但實務上，正常損壞品的數量以完工產品的數量作為計算的基準，而非以投入量的多寡來計算損壞品的數量。配合檢驗時點的完工比率而計算出正確的損壞品的約當數量後，即可進行約當數量的單位成本並分配成本於完成並轉出的產品、正常損壞品、非常損壞品與期末在製品上。完成品成本轉入下一部門（流程）作為該部門的轉入品成本，正常損壞品成本可分攤至銷貨成本中，而非常損壞品成本認列為其他損失。重製是發現損壞品後的後續作業。重製也須耗費原料、人工、製造費用等成本。這些重製成本可歸屬於某特定產品中，也可歸屬於所有產品中。

　　最後，公司須定期檢視製造流程的合理性與人員的配置，以期降低產品的不良率，同時也可降低因損壞或重製所發生的額外成本。

一、選擇題

( ) 1 在分批成本法之下，下列有關殘料處理之敘述，何者錯誤？

    (A) 殘料收入可直接結轉本期損益

    (B) 殘料退回倉庫至出售尚需一段時間，則應至出售時才按淨變現價值認列出售收入

    (C) 殘料具有重大價值且可追蹤至個別批次時，應借記現金（或應收帳款），貸記在製品

    (D) 殘料可追蹤至個別批次時，出售殘料收入可視為該批次成本之減少。

                                                 （104 高考會計）

( ) 2. 乙公司產銷一種產品，其生產部門本月份生產產品 15,000 件（包含損壞品），成本為 $45,000，製造完成時損壞 600 件。若該損壞係屬正常損壞，估計殘餘價值 $1,800，則該公司製成品的單位成本為何？

    (A) $2.88　(B) $3　(C) $3.125　(D) $4.2。　　　　　　（104 高考會計）

( ) 3. 甲公司生產 101 批號產品 3,000 單位，其單位成本如下：每單位直接材料為 $21；每單位直接人工為 $10；每單位製造費用為 $5。如生產完成後，發現有 100 單位屬於正常作業下所發生之損壞品（無法歸咎於 101 批號），且每單位損壞品具有處分價值 $8，試問下述對損壞品之會計處理何者正確？

    (A) 借記：製造費用 $2,800　　　(B) 貸記：在製品 $800

    (C) 借記：非常損失 $2,800　　　(D) 借記：（期間）損失 $2,800。

                                                 （103 高考會計）

( ) 4. 有關損壞品成本之敘述，下列項目何者錯誤？

    (A) 非常損壞品之成本歸屬當期損失

    (B) 視損壞原因及檢驗時點決定非常損壞處理方式

    (C) 正常損失若發生於製造程序終了時，由本期製成品負擔

    (D) 正常損失若發生於製造開始時，由製成品及期末在製品共同負擔。

                                                 （103 地特三等）

(　　) 5. 如果重製成本是基於修復損壞發生，該損壞雖然對於特定訂單相當不尋常，但是對於整體生產過程則經常發生，則該重製成本應列入下列那一項成本中？

(A) 非正常損壞損失　　　　　　(B) 該特定訂單

(C) 間接製造費用　　　　　　　(D) 直接材料成本。　　　　　（103 地特三等）

(　　) 6. 在分步成本制度下，當產品完工時才檢驗出之正常損失，其損壞成本應如何處理？

(A) 由期末在製品單獨負擔　　　(B) 列為非正常損失

(C) 由完成品及期末在製品共同分擔　(D) 由完成品單獨負擔。

（103 地特三等）

(　　) 7. 分批成本法對廢料處理之敘述何者錯誤？

(A) 廢料具有重大價值且生產完成可立即出售時，出售廢料收入可直接結轉銷貨成本

(B) 廢料具有重大價值且銷售時間較長時，應借記在製品，貸記廢料存貨

(C) 廢料可直接追溯至個別批次時，出售廢料收入可視為該批材料成本的減少

(D) 廢料收入不重大時可視為其他收入。　　　　　（100 普考會計）

(　　) 8. 根據我國財務會計準則第十號公報「存貨之會計處理準則」規定，企業發生正常損壞與非常損壞對當期銷貨成本之影響為何？

(A) 發生正常損壞當期銷貨成本一定增加，發生非常損壞當期銷貨成本也一定增加

(B) 發生正常損壞當期銷貨成本一定增加，發生非常損壞當期銷貨成本不一定增加

(C) 發生正常損壞當期銷貨成本不一定增加，發生非常損壞當期銷貨成本一定增加

(D) 發生正常損壞當期銷貨成本不一定增加，發生非常損壞當期銷貨成本也不一定增加。　　　　　（100 地特三等）

(　　) 9. 有關廢料的敘述，下列何者正確？

(A) 又稱「再製品」或「重製品」，係指製造過程中所產生未符合流程或品質標準，而需加以修改或再製，方可按完好產品或次級品出售的產品

(B) 若於生產時入帳，並歸由特定批次吸收，則於廢料退回倉庫時，借記：材料，貸記：製造費用

(C) 若於生產時入帳，並歸由所有批次吸收，則於廢料退回倉庫時，借記：材料，貸記：在製品

(D) 若於出售時入帳，並歸由特定批次吸收，則於廢料出售時，借記：現金（或應收帳款），貸記：在製品。　　　　　　　　　（100 會計師）

(　　) 10. 下列與殘廢料有關的敘述，何者錯誤？

(A) 廢料一般均無出售價值，處分後，應將處分成本借記製造費用

(B) 殘料如果設有存貨紀錄，應於發生時，按淨變現價值入帳

(C) 製造費用的預計分配率中若未考慮到殘料價值，於實際出售時貸記在製品存貨

(D) 製造費用的預計分配率中，若已考慮到殘料價值，此即表示殘料價值已在預計分配率中作為加項。　　　　　　　　　（99 地特三等）

二、計算題

1. 乙公司生產產品之正常損壞率為通過檢驗點之完好產品數量之 7%。06 年 3 月份該公司之期初在製品為 12,000 單位，完工程度 70%。3 月份開始生產 150,000 單位，產出完好品 130,000 單位。3 月份之期末在製品為 15,000 單位，完工程度 30%。3 月份之損壞品共 17,000 單位。試作：

(1) 若乙公司之檢驗點設於完工程度 60% 時，請計算正常損壞品數量。

(2) 若乙公司之檢驗點設於完工程度 25% 時，請計算正常損壞品數量。

（107 普考會計）

2. 乙公司 20X7 年生產第 201 批號產品 3,000 單位，單位成本如下：

直接材料	$10
直接人工	$20
製造費用	$10

試作：

(1) 生產完成後，發現 100 單位屬正常損壞品，損壞品無殘值，損壞係因該產品要求精細規格所致，試作有關損壞品之會計分錄。

(2) 生產完成後，發現 100 單位屬正常損壞品，損壞品每單位殘值 $10，損壞係因生產期間公司電壓不穩所致，試作有關損壞品之會計分錄。

(3) 生產完成後，發現 100 單位屬非常損壞品，每單位殘值 $5，試作有關損壞品之會計分錄。　　　　　　　　　　　　　　　　　　　　　　（105 普考會計）

3. 永新公司在其「A 部門」製造生產辦公桌，直接材料在一開始時即全部一次加入，加工成本則依照生產進度平均加入。公司在生產程序完成時進行檢驗，檢驗後發現有些損壞品導因於無法發覺的材料瑕疵，而正常損壞品大約占完好品的 4%。永新公司採用先進先出法處理其分步成本，20X6 年 5 月份其生產相關資料如下：

期初在製品 5/1　　　　　　　　64,000 單位

　　　直接材料（100% 完工）

　　　加工成本（85% 完工）

　五月開始加入生產　　　　　140,000 單位

　完成且轉出　　　　　　　　160,000 單位

　期末在製品 5/31　　　　　　 36,000 單位

　　　直接材料（100% 完工）

　　　加工成本（80% 完工）

　成本：

　期初在製品 5/1

　　　直接材料　　　　　$140,000

　　　加工成本　　　　　　80,000

　直接材料（本期加入）　 210,000

　加工成本（本期加入）　 242,080

試問：

(1) 該公司 5 月份正常損壞品與非常損壞品各為多少單位？

(2) 該公司 5 月份正常損壞品與非常損壞品成本各為多少？

(3) 該公司 5 月份期末在製品金額為多少？

(4) 該公司 5 月份製成品完成且轉出之分錄為何？　　　　　（105 高考管會）

4. 大智公司生產太陽能電池模組，其組裝部門的直接原料於製造過程開始時悉數投入，加工成本則於製程中平均投入。20X4 年 3 月，組裝部門有期初在製品存貨 20,000 單位，其加工成本已投入 40%；3 月開始投入生產之數量為 100,000 單位；月底在製品存貨為 30,000 單位，其中加工成本已投入 70%。組裝部門 3 月份發生了 15,000 單位損壞品，正常損壞率為完好單位的 12%，該部門 3 月份的成本資料如下：

	期初在製品	本期投入成本
直接原料	$64,000	$200,000
加工成本	$102,500	$1,000,000

針對下列三種獨立情況，假設檢驗點分別訂在製程的 20%、60%、80% 階段，請計算 2014 年 3 月份正常及非常損壞品單位數。 （104 關務特考）

5. 甲工廠生產一種產品，採分步成本制，設置兩個檢驗點，第一個檢驗點於加工至 50% 時實施，第二次檢驗則於完成時實施。X1 年 1 月有關資料如下：

數量資料		成本資料	
本期投入生產	10,000 單位	原料（製造開始時一次投入）	$400,000
本期製造完成	5,500 單位	加工成本	$261,000
期末在製品（完工 70%）	1,000 單位		
損壞單位			
第一檢驗點（正常損壞）	2,000 單位		
第二檢驗點（500 單位為非常損壞）	1,500 單位		

根據以上資料計算：

(1) 原料約當產量。

(2) 加工成本約當產量。

(3) 期末在製品成本。

(4) 非常損壞品成本。

(5) 製成品成本。 （102 地特三等）

6. 甲公司之 A 部門某月份之製造過程發生了損壞品，其成本為 $100,000，預估淨處分價值為 $5,000。請分別假設甲公司係 (1) 採分步成本制與 (2) 採分批成本制，並在下列不同情況下編製應有之損壞品相關分錄：

(1) 該損壞為非常損壞。

(2) 該損壞爲正常損壞，且由全體產品共同負擔。

(3) 該損壞爲正常損壞，且由該特定批次產品負擔。　　　（100 地特三等）

7. 榮輝公司委託會計師查帳，得悉公司帳載存貨中有製成品存貨 54,000 單位，金額爲 $125,000（包含正常損失成本在內）及在製品存貨 45,000 單位，完工程度 40%，金額爲 $65,200。此外又發現公司下列各項資料：

(1) 公司係單一產品製造商，產品成本採先進先出分步成本制度，材料係於製程開始時全數投入。

(2) 直接人工與製造費用則於製程中均勻加入。製造費用按直接人工成本之 75% 分配到產品成本中。

(3) 公司損壞品檢驗點設於製程進度之 60%。正常損壞單位爲本期投入完好產出量之 2%，損壞品每單位殘值爲 $0.5。

(4) 存貨數量及成本數字如下：

	單位數	材料成本	直接人工成本
期初在製品 (完工 80%)	50,000	$25,000	$40,000
本期投入數	250,000	$137,500	$249,480
完工轉出單位數	250,000		
損壞單位數	5,000		

試作：

(1) 材料與加工成本之約當產量。

(2) 材料之單位成本與加工成本之單位成本。

(3) 期末在製品之成本。

(4) 非常損失之成本。

(5) 製成品成本。　　　　　　　　　　　　　　　　　（100 會計師）

8. 皓月公司某月份 A 部門發生之製造成本爲 $500,000，全部產出均已完工。該月份發生損壞品成本 $60,000，其中 $5,000 爲非常損壞，損壞品無任何殘值。請依下列兩條件分別做 A 部門之必要分錄：

(1) 該公司採分批成本制度，正常損失由 A 部門全部產品負擔。

(2) 該公司採分步成本制度，除損壞品外，全部產出均已完工並轉至 B 部門。

（99 關務特考）

9. 月亮公司期初在製品計有 11,000 單位（完工程度 25%），本期再投入 74,000 單位進行加工，本期共完工 61,000 單位，期末在製品 16,000 單位（完工程度為 75%），該公司正常損壞數為本期通過檢驗點完好產品之 10%。

請分別計算在不同情況下月亮公司之非常損壞單位數：

(1) 情況一：檢驗點為完工 20% 時。

(2) 情況二：檢驗點為完工 50% 時。

(3) 情況三：檢驗點為完工 90% 時。 （99 關務特考）

讀者回函卡

掃 QRcode 線上填寫 ▶▶▶

姓名：　　　　　　　　　生日：西元　　　　年　　　月　　　日　　性別：□男 □女

電話：（　　）　　　　　　　　　　手機：

e-mail：（必填）

註：數字零，請用 Φ 表示，數字 1 與英文 L 請另註明並書寫端正，謝謝。

通訊處：□□□□□

學歷：□高中・職　□專科　□大學　□碩士　□博士

職業：□工程師　□教師　□學生　□軍・公　□其他

學校／公司：　　　　　　　　　　　　　科系／部門：

· 需求書類：

□A. 電子　□B. 電機　□C. 資訊　□D. 機械　□E. 汽車　□F. 工管　□G. 土木　□H. 化工　□I. 設計

□J. 商管　□K. 日文　□L. 美容　□M. 休閒　□N. 餐飲　□O. 其他

· 本次購買圖書為：　　　　　　　　　　　　　　書號：

· 您對本書的評價：

封面設計：□非常滿意　□滿意　□尚可　□需改善，請說明

內容表達：□非常滿意　□滿意　□尚可　□需改善，請說明

版面編排：□非常滿意　□滿意　□尚可　□需改善，請說明

印刷品質：□非常滿意　□滿意　□尚可　□需改善，請說明

書籍定價：□非常滿意　□滿意　□尚可　□需改善，請說明

整體評價：請說明

· 您在何處購買本書？

□書局　□網路書店　□書展　□團購　□其他

· 您購買本書的原因？（可複選）

□個人需要　□公司採購　□親友推薦　□老師指定用書　□其他

· 您希望全華以何種方式提供出版訊息及特惠活動？

□電子報　□DM　□廣告（媒體名稱　　　　　　　　　　　）

· 您是否上過全華網路書店？（www.opentech.com.tw）

□是　□否　您的建議

· 您希望全華出版哪方面書籍？

· 您希望全華加強哪些服務？

感謝您提供寶貴意見，全華將秉持服務的熱忱，出版更多好書，以饗讀者。

填寫日期：　　　／　　　／

2020.09 修訂

親愛的讀者：

感謝您對全華圖書的支持與愛護，雖然我們很慎重的處理每一本書，但恐仍有疏漏之處，若您發現本書有任何錯誤，請填寫於勘誤表內寄回，我們將於再版時修正，您的批評與指教是我們進步的原動力，謝謝！

全華圖書　敬上

勘　誤　表

書　號				
頁　數	行　數	書　名		作　者
		錯誤或不當之詞句		建議修改之詞句

我有話要說：（其它之批評與建議，如封面、編排、內容、印刷品質等・・・）